中华人民共和国建设部

# 市政工程投资估算指标

## 第二册 桥 梁 工 程

HGZ 47-102-2007

中 国 计 划 出 版 社

北 京

**图书在版编目(CIP)数据**

市政工程投资估算指标．第2册，桥梁工程．HGZ 47－102－2007/建设部标准定额研究所主编．—北京：中国计划出版社，2008.3(2021.4重印)

ISBN 978－7－80242－074－8

Ⅰ．市…　Ⅱ．建…　Ⅲ．①市政工程—工程造价—估算—中国②桥梁工程—工程造价—估算—中国　Ⅳ．TU723.3 U445

中国版本图书馆CIP数据核字(2008)第018510号

**市政工程投资估算指标**

第二册　桥梁工程

HGZ 47－102－2007

建设部标准定额研究所　主编

中国计划出版社出版发行

网址：www.jhpress.com

地址：北京市西城区木樨地北里甲11号国宏大厦C座3层

邮政编码：100038　电话：(010) 63906433 (发行部)

三河富华印刷包装有限公司印刷

880mm×1230mm　1/16　7.75印张　209千字

2008年3月第1版　2021年4月第2次印刷

印数6001—7500册

ISBN 978-7-80242-074-8

定价：18.00元

**主编部门：**中华人民共和国建设部

**批准部门：**中华人民共和国建设部

**执行日期：**2008 年 4 月 1 日

# 建　设　部
# 关于印发《市政工程投资估算指标》（桥梁等5册）的通知

建标［2007］240号

为合理确定和控制市政工程投资，满足市政建设项目编制项目建议书和可行性研究报告投资估算的需要，我部制定了《市政工程投资估算指标》(《第二册　桥梁工程》、《第四册　排水工程》、《第五册　防洪堤防工程》、《第六册　隧道工程》、《第九册　路灯工程》)，编号为HGZ 47-102-2007、HGZ 47-104-2007、HGZ 47-105-2007、HGZ 47-106-2007、HGZ 47-109-2007，现印发给你们。自2008年4月1日起施行。我部1996年发布的《全国市政工程投资估算指标》中的相应内容同时废止。

《市政工程投资估算指标》由建设部标准定额研究所组织中国计划出版社出版发行。

请你们认真贯彻执行，并将工作中的问题和建议反馈建设部标准定额司。

**中华人民共和国建设部**

二〇〇七年十月十八日

# 前　　言

根据建设部“关于印发《二〇〇三年工程项目建设标准、投资估算指标、建设项目评价方法与参数编制项目计划》的通知要求”，我部制定了《市政工程投资估算指标》（以下简称《指标》），并于2007年10月18日批准其中桥梁等五册（第一、三、七、八册已于2007年6月批准）。《指标》的制定发布将对合理确定和控制市政工程投资，满足市政建设项目编制项目建议书和可行性研究报告投资估算的需要起到积极的作用。

本《指标》由建设部标准定额研究所负责管理和解释，请各单位在执行过程中，注意积累资料，认真总结经验，将有关意见及时反馈标准定额研究所。

本《指标》的主编单位、参编单位：

**主编单位：**建设部标准定额研究所

**参编单位：**北京市建设工程造价管理处

北京城建设计研究总院有限责任公司

天津市建设工程定额管理研究站

天津市市政工程经济技术定额研究站

上海市建设工程标准定额管理总站

上海市市政工程定额管理站

上海市政工程设计研究总院

上海市隧道工程轨道交通设计研究院

重庆市建设工程造价管理总站

河北省工程建设造价管理总站

辽宁省建设工程造价管理总站

安徽省建设工程造价管理总站

# 总 说 明

为了合理确定和控制市政工程投资，满足建设项目编制项目建议书和投资估算的需要，提高建设工程投资效果，制定《市政工程投资估算指标》(以下简称本指标)。

一、本指标依据建设部“关于印发《二〇〇三年工程项目建设标准、投资估算指标、建设项目评价方法与参数编制项目计划》的通知”下达的编制计划，以现行全国市政工程设计标准、质量验收规范和建设部、财政部“关于印发《建筑安装工程费用项目组成》的通知”(建标〔2003〕206 号)、《建设项目总投资及其他费用项目组成规定》(送审稿)，以及预算定额、工期定额为依据，在《全国市政工程投资估算指标》(1996 年)的基础上，结合近年有代表性的已竣工典型工程项目的相关资料进行编制。

二、本指标适用于新建、改建、扩建的市政工程项目。

三、本指标是建设项目建议书、可行性研究报告阶段编制投资估算的依据；是多方案比选、优化设计、合理确定投资的基础；是开展项目评价、控制初步设计概算、推行限额设计的参考。

四、本指标共十册。包括《第一册　道路工程》、《第二册　桥梁工程》、《第三册　给水工程》、《第四册　排水工程》、《第五册　防洪堤防工程》、《第六册　隧道工程》、《第七册　燃气工程》、《第八册　集中供热热力网工程》、《第九册　路灯工程》、《第十册　垃圾处理工程》。

五、本指标分综合指标和分项指标。综合指标包括建筑安装工程费、设备购置费、工程建设其他费用、基本预备费；分项指标包括建筑安装工程费、设备购置费。

(一)建筑安装工程费由直接费和综合费用组成。直接费由人工费、材料费、机械费组成。将《建筑安装工程费用项目组成》中的措施费(环境保护、文明施工、安全施工、临时设施、夜间施工的内容)按比例(见费率取定表)分别摊入人工费、材料费和机械费。二次搬运、大型机械设备进出场及安装拆除、混凝土和钢筋混凝土模板及支架、脚手架编入直接工程费。综合费用由间接费、利润和税金组成。

(二)设备购置费依据设计文件规定，其价格由设备原价+设备运杂费组成，设备运杂费指除设备原价之外的设备采购、运输、包装及仓库保管等方面支出费用的总和。

(三)工程建设其他费用包括：建设管理费、可行性研究费、研究试验费、勘察设计费、环境影响评价费、场地准备及临时设施费、工程保险费、联合试运转费、生产准备及开办费。按国家现行有关统一规定程序计算。

(四)预备费包括基本预备费和价差预备费。基本预备费系指在投资估算阶段不可预见的工程费用。

六、本指标的编制期价格、费率取定：

(一)价格取定。人工工资综合单价按北京地区 2004 年 31.03 元/工日；材料价格、机械台班单价按北京地区 2004 年价格。

(二)费率取定。

1. 将措施费分别摊入人工费、材料费和机械费。措施费费率见下表。

| 项目 | 道路 | 桥梁 | 给水 | 排水 | 防洪堤防 | 隧道 | | 燃气 | 热力 | 路灯 |
|---|---|---|---|---|---|---|---|---|---|---|
| | | | | | | 岩石 | 软土 | | | |
| 费率(%) | 4.10 | 4.40 | 6.00 | 6.00 | 4.00 | 5.08 | 5.08 | 6.00 | 4.00 | 4.00 |

计费基数：人工费+材料费+机械费。

分摊比例：其中人工费 8%，材料费 87%，机械费 5%，分别按比例计算。

2. 综合费用费率见下表。

| 项目 | 道路 | 桥梁 | 给水 | 排水 | 防洪堤防 | 隧道 | | 燃气 | 热力 | 路灯 |
|---|---|---|---|---|---|---|---|---|---|---|
| | | | | | | 岩石 | 软土 | | | |
| 费率（%） | 22.78 | 22.90 | 21.30 | 21.30 | 21.00 | 27.68 | 27.68 | 21.30 | 21.30 | 21.00 |

计费基数：估算指标直接费。

3. 工程建设其他费用费率。工程建设其他费用费率按 10%～15%确定。具体数值由各册根据专业以及国家规定的收费标准测算确定，并在册说明中说明。

计费基数：建筑安装工程费+设备购置费。

4. 基本预备费费率按 8%确定。

计费基数：建筑安装工程费+设备购置费+工程建设其他费用。

5.《第十册　垃圾处理工程》的费率见分册说明。

七、本指标计算程序见下表。

**综合指标计算程序**

| 序号 | 项　　目 | 取费基数及计算式 |
|---|---|---|
| | 指标基价 | 一+二＋三＋四 |
| 一 | 建筑安装工程费 | 4+5 |
| 1 | 人工费小计 | — |
| 2 | 材料费小计 | — |
| 3 | 机械费小计 | — |
| 4 | 直接费小计 | 1+2+3 |
| 5 | 综合费用 | 4×综合费用费率 |
| 二 | 设备购置费 | 原价+设备运杂费 |
| 三 | 工程建设其他费用 | （一+二）×工程建设其他费用费率 |
| 四 | 基本预备费 | （一+二+三）×8% |

**分项指标计算程序**

| 序号 | 项　　目 | 取费基数及计算式 |
|---|---|---|
| | 指标基价 | 一+二 |
| 一 | 建筑安装工程费 | （四）＋（五） |
| 1 | 人工费 | — |
| 2 | 措施费分摊 | （1+3+5）×措施费费率×8% |
| （一） | 人工费小计 | 1+2 |
| 3 | 材料费 | — |
| 4 | 措施费分摊 | （1+3+5）×措施费费率×87% |
| （二） | 材料费小计 | 3+4 |
| 5 | 机械费 | — |
| 6 | 措施费分摊 | （1+3+5）×措施费费率×5% |
| （三） | 机械费小计 | 5+6 |
| （四） | 直接费小计 | （一）＋（二）＋（三） |
| （五） | 综合费用 | （四）×综合费用费率 |
| 二 | 设备购置费 | 原价+设备运杂费 |

八、本指标的使用。本指标中的人工、材料、机械费的消耗量原则上不作调整。使用本指标时可按指标消耗量及工程所在地当时当地市场价格并按照规定的计算程序和方法调整指标，费率可参照指标确定，也可按各级建设行政主管部门发布的费率调整。

具体调整办法如下：

（一）建筑安装工程费的调整。

1. 人工费：以指标人工工日数乘以当时当地造价管理部门发布的人工单价确定。

2. 材料费：以指标主要材料消耗量乘以当时当地造价管理部门发布的相应材料价格确定。

$$\text{其他材料费}=\text{指标其他材料费}\times\frac{\text{调整后的主要材料费}}{\text{指标（材料费小计}-\text{其他材料费}-\text{材料费中措施费分摊）}}$$

3. 机械费：列出主要机械台班消耗量的调整方式：以指标主要机械台班消耗量乘以当时当地造价管理部门发布的相应机械台班价格确定。

$$\text{其他机械费}=\text{指标其他机械费}\times\frac{\text{调整后的主要机械费}}{\text{指标（机械费小计}-\text{其他机械费}-\text{机械费中措施费分摊）}}$$

未列出主要机械台班消耗量的调整方式：

$$\text{机械费}=\text{指标机械费}\times\frac{\text{调整后的（人工费}+\text{材料费）}}{\text{指标（人工费}+\text{材料费）}}$$

4. 直接费：调整后的直接费为调整后的人工费、材料费、机械费之和。

5. 综合费用：综合费用的调整应按当时当地不同工程类别的综合费率计算。计算公式如下：

综合费用=调整后的直接费×当时当地的综合费率

6. 建筑安装工程费：

建筑安装工程费=调整后的（直接费+综合费用）

（二）设备购置费的调整。指标中列有设备购置费的，按主要设备清单，采用当时当地的设备价格或上涨幅度进行调整。

（三）工程建设其他费用的调整。工程建设其他费用的调整，按国家规定的不同工程类别的工程建设其他费用费率计算。计算公式如下：

工程建设其他费用=调整后的（建筑安装工程费+设备购置费）
× 国家规定的工程建设其他费用费率

（四）基本预备费的调整。

基本预备费=调整后的（建筑安装工程费+设备购置费+工程建设其他费用）
×基本预备费费率

（五）指标基价的调整。

指标基价=调整后的（建筑安装工程费+设备购置费+工程建设其他费用
+基本预备费）

九、建设项目投资估算编制。编制建设项目投资估算，应按上述办法调整。指标中未列费用可根据有关规定调整。

十、本指标中指标编号为“×Z-×××”或“×F-×××”，除注明用英文字母表示外，均用阿拉伯数字表示。

其中：“-”线前部分×表示分册，Z表示综合指标，F表示分项指标；

“-”线后部分×××表示划分序号，同一部分顺序编号。

十一、本指标中注明“××以内”或“××以下”者，均包括××本身；而注明“××以外”或“××以上”者，均不包括××本身。

# 册说明

一、《市政工程投资估算指标》第二册“桥梁工程”（以下简称本册指标）是根据国家现行桥梁设计规范和施工验收规范，结合近年来国内已建成桥梁工程有代表性的典型的施工图、施工组织方案和技术经济等资料，经分析测算后进行编制的。

二、本册指标适用于城市新建、改建、扩建桥梁工程，包括跨河桥梁、城市高架桥及城市立交桥梁等工程。

三、本册指标主要编制依据有：

1.《城市桥梁设计荷载标准》（CJJ 77—98）；

2.《城市桥梁设计准则》（CJJ 11—93）；

3.《公路桥涵设计通用规范》（JJG D60—2004）；

4.《公路钢筋混凝土及预应力混凝土桥涵设计规范》（JJG D62—2004）；

5．建设部、财政部文件“关于印发《建筑安装工程费用项目组成》的通知”（建标〔2003〕206号）；

6.《建设项目总投资及其他费用项目组成规定》（送审稿）；

7.《全国市政工程投资估算指标》（1996年）；

8.《建设工程工程量清单计价规范》（GB 50500—2003）；

9.《全国统一市政工程预算定额》（1999年）；

10．各省、市相关行业概预算定额及投资估算指标。

四、本册指标分为三个部分：

（一）综合指标：指标综合了基础工程、下部构造、上部构造、桥面系工程等内容；未包括桥梁艺术装饰、照明、绿化、交通监控、过桥收费及导流设施等内容。

（二）分项指标：按桥梁构造部位划分为基础工程、下部构造、上部构造、桥面系工程及其他工程等项目。其中斜拉桥拉索按工地制索编制，如采用成品索可按成品索出厂价另加运输安装费用计算。

（三）附录：内容包括主要材料、机械台班、设备单价取定表和编制桥梁工程投资估算应用案例。

五、相关说明：

1．本册指标不分大、中、小桥均按桥梁跨径和构造型式、水中及干处分别套用相应指标；同一大桥中的不同跨径和不同构造应分别采用对应的跨径和构造指标计算。

2．本册综合指标计算的桥梁面积为桥梁总长度乘以桥面全宽所得的面积；桥长：梁式桥为两边桥台前沿伸缩缝间长度，拱式桥为两边桥台起拱线间距离；桥宽为两侧桥面栏杆外缘间的距离，包括车行道、分隔带、人行道、栏杆等的全部宽度。斜拉桥还包括索区宽度在内。

3．本册指标的荷载标准均以汽车－城 A 级为准。

4．1996 年原指标桥面面积以车行道净宽加两旁人行道净宽计，桥梁荷载标准为汽－20、挂－100，对原指标的保留项目，本册指标按以上（2、3 条）规则作了调整。

5．本册指标未单列城市高架桥及立交桥项目，可套用相同跨径和桥型结构的相关桥梁指标。

6．本册指标中“工程建设其他费用”费率按12.5%确定，其计费基数为建筑安装工程费与设备购置费之和。

7．本册指标中管长30m以内泵送费按12.24元/$m^3$计取，管长30m以外泵送费按13.50元/$m^3$计取。

# 目　　录

# 1　桥梁工程综合指标

# 说　　明

一、本章综合指标是反映不同跨径、结构形式桥梁工程的综合投资指标。

二、本章综合指标包括基础工程、下部构造、上部构造、桥面系工程等内容；未包括桥梁艺术装饰、照明、绿化、交通监控、过桥收费及导流设施等内容，如发生时应结合具体情况进行调整。

三、本章综合指标中有关数据：

1．明挖基础：

（1）挖土土方按三类土计算（未计冻土与爆破开挖）。

（2）采用挖掘机挖、自卸汽车运土包干。

2．钻孔灌注桩：根据干处、水中并结合水深综合考虑钢护筒的费用。

3．承台围堰：根据水深综合草包围堰及钢围堰费用。

4．混凝土模板：按《全国统一市政工程预算定额》第三册附录一中“混凝土、钢筋混凝土构件模板含量”表计算。

5．现浇箱梁支架：支架高度平均按 10m 计算。

# 1.1 钢筋混凝土空心板梁桥

**工程内容：**基础及下部构造、上部构造、桥面系工程及桥头护岸等。

单位：100m²

| 指 标 编 号 | | | | 2Z-001 | |
|---|---|---|---|---|---|
| 项 目 | | | 单位 | 单孔跨径≤10m | |
| | | | | 千处 | 占指标基价（%） |
| 指 标 基 价 | | | 元 | 382312 | 100.00 |
| 一、建筑安装工程费 | | | 元 | 314660 | 82.30 |
| 二、设备购置费 | | | 元 | — | — |
| 三、工程建设其他费用 | | | 元 | 39332 | 10.29 |
| 四、基本预备费 | | | 元 | 28319 | 7.41 |
| **建筑安装工程费** | | | | | |
| 直接费 | 人工费 | 人工 | 工日 | 2352 | — |
| | | 措施费分摊 | 元 | 863 | — |
| | | **人工费小计** | 元 | 73846 | 19.32 |
| | 材料费 | 钢筋（综合） | t | 14.86 | — |
| | | 钢材 | t | 0.70 | — |
| | | 水泥 425 | t | 60.00 | — |
| | | 中粗砂 | m³ | 101.65 | — |
| | | 碎石 5~40mm | m³ | 186.72 | — |
| | | 片石 | m³ | 43.99 | — |
| | | 其他材料费 | 元 | 11824 | — |
| | | 措施费分摊 | 元 | 9388 | — |
| | | **材料费小计** | 元 | 120538 | 31.53 |
| | 机械费 | 机械费 | 元 | 61106 | — |
| | | 措施费分摊 | 元 | 540 | — |
| | | **机械费小计** | 元 | 61646 | 16.12 |
| | **直接费小计** | | 元 | 256029 | 66.97 |
| 综合费用 | | | 元 | 58631 | 15.34 |
| 合 计 | | | 元 | 314660 | — |

**工程内容：** 基础及下部构造、上部构造、桥面系工程及桥头护岸等。

单位：100m²

| 指标编号 | | | | 2Z-002 | |
|---|---|---|---|---|---|
| 项目 | | | 单位 | 单孔跨径≤10m | |
| | | | | 水中 | 占指标基价（%） |
| 指标基价 | | | 元 | 424442 | 100.00 |
| 一、建筑安装工程费 | | | 元 | 349335 | 82.30 |
| 二、设备购置费 | | | 元 | — | — |
| 三、工程建设其他费用 | | | 元 | 43667 | 10.29 |
| 四、基本预备费 | | | 元 | 31440 | 7.41 |
| **建筑安装工程费** | | | | | |
| 直接费 | 人工费 | 人工 | 工日 | 2587 | — |
| | | 措施费分摊 | 元 | 958 | — |
| | | **人工费小计** | 元 | 81233 | 19.14 |
| | 材料费 | 钢筋（综合） | t | 14.86 | — |
| | | 钢材 | t | 0.70 | — |
| | | 水泥 425 | t | 60.00 | — |
| | | 中粗砂 | m³ | 101.65 | — |
| | | 碎石 5~40mm | m³ | 186.72 | — |
| | | 片石 | m³ | 43.99 | — |
| | | 其他材料费 | 元 | 28125 | — |
| | | 措施费分摊 | 元 | 10422 | — |
| | | **材料费小计** | 元 | 137873 | 32.48 |
| | 机械费 | 机械费 | 元 | 64538 | — |
| | | 措施费分摊 | 元 | 599 | — |
| | | **机械费小计** | 元 | 65137 | 15.35 |
| | **直接费小计** | | 元 | 284243 | 66.97 |
| 综合费用 | | | 元 | 65092 | 15.34 |
| **合　　计** | | | 元 | 349335 | — |

**工程内容：**基础及下部构造、上部构造、桥面系工程及桥头护岸等。

单位：$100m^2$

| 指标编号 | | | | 2Z-003 | |
|---|---|---|---|---|---|
| 项目 | | | 单位 | 多孔（单孔跨径≤10m） | |
| | | | | 千处 | 占指标基价（%） |
| 指标基价 | | | 元 | 329455 | 100.00 |
| 一、建筑安装工程费 | | | 元 | 271156 | 82.30 |
| 二、设备购置费 | | | 元 | — | — |
| 三、工程建设其他费用 | | | 元 | 33895 | 10.29 |
| 四、基本预备费 | | | 元 | 24404 | 7.41 |
| **建筑安装工程费** | | | | | |
| 直接费 | 人工费 | 人工 | 工日 | 1794 | — |
| | | 措施费分摊 | 元 | 744 | — |
| | | **人工费小计** | 元 | 56412 | 17.12 |
| | 材料费 | 钢筋（综合） | t | 13.80 | — |
| | | 钢材 | t | 0.50 | — |
| | | 水泥 425 | t | 58.00 | — |
| | | 中粗砂 | $m^3$ | 96.78 | — |
| | | 碎石 5~40mm | $m^3$ | 153.08 | — |
| | | 片石 | $m^3$ | 39.29 | — |
| | | 其他材料费 | 元 | 15782 | — |
| | | 措施费分摊 | 元 | 8090 | — |
| | | **材料费小计** | 元 | 114787 | 34.84 |
| | 机械费 | 机械费 | 元 | 48968 | — |
| | | 措施费分摊 | 元 | 465 | — |
| | | **机械费小计** | 元 | 49433 | 15.00 |
| | **直接费小计** | | 元 | 220631 | 66.97 |
| 综合费用 | | | 元 | 50525 | 15.34 |
| **合　计** | | | 元 | 271156 | — |

**工程内容：**基础及下部构造、上部构造、桥面系工程及桥头护岸等。

单位：100m²

| 指标编号 | | | | 2Z-004 | |
|---|---|---|---|---|---|
| 项目 | | | 单位 | 多孔（单孔跨径≤10m） | |
| | | | | 水中 | 占指标基价（%） |
| 指标基价 | | | 元 | 376945 | 100.00 |
| 一、建筑安装工程费 | | | 元 | 310243 | 82.30 |
| 二、设备购置费 | | | 元 | — | — |
| 三、工程建设其他费用 | | | 元 | 38780 | 10.29 |
| 四、基本预备费 | | | 元 | 27922 | 7.41 |
| **建筑安装工程费** | | | | | |
| 直接费 | 人工费 | 人工 | 工日 | 1973 | — |
| | | 措施费分摊 | 元 | 851 | — |
| | | **人工费小计** | 元 | 62086 | 16.47 |
| | 材料费 | 钢筋（综合） | t | 13.80 | — |
| | | 钢材 | t | 0.50 | — |
| | | 水泥 425 | t | 58.00 | — |
| | | 中粗砂 | m³ | 96.78 | — |
| | | 碎石 5~40mm | m³ | 153.08 | — |
| | | 片石 | m³ | 39.29 | — |
| | | 其他材料费 | 元 | 35782 | — |
| | | 措施费分摊 | 元 | 9256 | — |
| | | **材料费小计** | 元 | 135953 | 36.07 |
| | 机械费 | 机械费 | 元 | 53865 | — |
| | | 措施费分摊 | 元 | 532 | — |
| | | **机械费小计** | 元 | 54397 | 14.43 |
| | **直接费小计** | | 元 | 252435 | 66.97 |
| 综合费用 | | | 元 | 57808 | 15.34 |
| **合计** | | | 元 | 310243 | — |

## 1.2 预应力钢筋混凝土空心板梁桥

**工程内容：**基础及下部构造、上部构造、桥面系工程及桥头护岸等。

单位：100m²

| 指标编号 | | | | 2Z-005 | |
|---|---|---|---|---|---|
| 项目 | | | 单位 | 单孔跨径≤22m | |
| | | | | 干处 | 占指标基价（%） |
| 指标基价 | | | 元 | 416147 | 100.00 |
| 一、建筑安装工程费 | | | 元 | 342508 | 82.30 |
| 二、设备购置费 | | | 元 | — | — |
| 三、工程建设其他费用 | | | 元 | 42814 | 10.29 |
| 四、基本预备费 | | | 元 | 30826 | 7.41 |
| **建筑安装工程费** | | | | | |
| 直接费 | 人工费 | 人工 | 工日 | 2470 | — |
| | | 措施费分摊 | 元 | 940 | — |
| | | **人工费小计** | 元 | 77571 | 18.64 |
| | 材料费 | 钢筋（综合） | t | 10.58 | — |
| | | 钢材 | t | 0.70 | — |
| | | 水泥 425 | t | 75.00 | — |
| | | 中粗砂 | $m^3$ | 121.98 | — |
| | | 碎石 5~40mm | $m^3$ | 224.06 | — |
| | | 预应力钢绞线 | t | 1.74 | — |
| | | 片石 | $m^3$ | 43.99 | — |
| | | 其他材料费 | 元 | 22868 | — |
| | | 措施费分摊 | 元 | 10219 | — |
| | | **材料费小计** | 元 | 136369 | 32.77 |
| | 机械费 | 机械费 | 元 | 64161 | — |
| | | 措施费分摊 | 元 | 587 | — |
| | | **机械费小计** | 元 | 64749 | 15.56 |
| | **直接费小计** | | 元 | 278688 | 66.97 |
| 综合费用 | | | 元 | 63820 | 15.34 |
| 合计 | | | 元 | 342508 | — |

**工程内容**：基础及下部构造、上部构造、桥面系工程及桥头护岸等。

单位：100m²

| 指标编号 | | | | 2Z-006 | |
|---|---|---|---|---|---|
| 项目 | | | 单位 | 单孔跨径≤22m | |
| | | | | 水中 | 占指标基价（%） |
| 指标基价 | | | 元 | 434376 | 100.00 |
| 一、建筑安装工程费 | | | 元 | 357511 | 82.30 |
| 二、设备购置费 | | | 元 | — | — |
| 三、工程建设其他费用 | | | 元 | 44689 | 10.29 |
| 四、基本预备费 | | | 元 | 32176 | 7.41 |
| 建筑安装工程费 | | | | | |
| 直接费 | 人工费 | 人工 | 工日 | 2587 | — |
| | | 措施费分摊 | 元 | 981 | — |
| | | **人工费小计** | 元 | 81255 | 18.71 |
| | 材料费 | 钢筋（综合） | t | 10.58 | — |
| | | 钢材 | t | 0.70 | — |
| | | 水泥 425 | t | 75.00 | — |
| | | 中粗砂 | m³ | 121.98 | — |
| | | 碎石 5~40mm | m³ | 224.06 | — |
| | | 预应力钢绞线 | t | 1.74 | — |
| | | 片石 | m³ | 43.99 | — |
| | | 其他材料费 | 元 | 30542 | — |
| | | 措施费分摊 | 元 | 10666 | — |
| | | **材料费小计** | 元 | 144490 | 33.26 |
| | 机械费 | 机械费 | 元 | 64538 | — |
| | | 措施费分摊 | 元 | 613 | — |
| | | **机械费小计** | 元 | 65151 | 15.00 |
| | **直接费小计** | | 元 | 290896 | 66.97 |
| 综合费用 | | | 元 | 66615 | 15.34 |
| 合　计 | | | 元 | 357511 | — |

**工程内容：**基础及下部构造、上部构造、桥面系工程及桥头护岸等。

单位：$100m^2$

| 指标编号 | | | | 2Z-007 | |
|---|---|---|---|---|---|
| 项目 | | | 单位 | 多孔(单孔跨径≤22m) | |
| | | | | 千处 | 占指标基价（%） |
| 指标基价 | | | 元 | 332211 | 100.00 |
| 一、建筑安装工程费 | | | 元 | 273425 | 82.30 |
| 二、设备购置费 | | | 元 | — | — |
| 三、工程建设其他费用 | | | 元 | 34178 | 10.29 |
| 四、基本预备费 | | | 元 | 24608 | 7.41 |
| **建筑安装工程费** | | | | | |
| 直接费 | 人工费 | 人工 | 工日 | 1794 | — |
| | | 措施费分摊 | 元 | 750 | — |
| | | **人工费小计** | 元 | 56418 | 16.98 |
| | 材料费 | 钢筋（综合） | t | 10.58 | — |
| | | 钢材 | t | 0.50 | — |
| | | 水泥 425 | t | 73.60 | — |
| | | 中粗砂 | $m^3$ | 106.46 | — |
| | | 碎石 5~40mm | $m^3$ | 168.39 | — |
| | | 预应力钢绞线 | t | 1.74 | — |
| | | 片石 | $m^3$ | 39.29 | — |
| | | 其他材料费 | 元 | 6970 | — |
| | | 措施费分摊 | 元 | 8158 | — |
| | | **材料费小计** | 元 | 114175 | 34.37 |
| | 机械费 | 机械费 | 元 | 51416 | — |
| | | 措施费分摊 | 元 | 469 | — |
| | | **机械费小计** | 元 | 51885 | 15.62 |
| | **直接费小计** | | 元 | 222478 | 66.97 |
| 综合费用 | | | 元 | 50947 | 15.34 |
| **合计** | | | 元 | 273425 | — |

**工程内容：**基础及下部构造、上部构造、桥面系工程及桥头护岸等。

单位：100m²

| 指标编号 | | | | 2Z-008 | |
|---|---|---|---|---|---|
| 项目 | | | 单位 | 多孔(单孔跨径≤22m) | |
| | | | | 水中 | 占指标基价（%） |
| 指标基价 | | | 元 | 373595 | 100.00 |
| 一、建筑安装工程费 | | | 元 | 307486 | 82.30 |
| 二、设备购置费 | | | 元 | — | — |
| 三、工程建设其他费用 | | | 元 | 38436 | 10.29 |
| 四、基本预备费 | | | 元 | 27674 | 7.41 |
| **建筑安装工程费** | | | | | |
| 直接费 | 人工费 | 人工 | 工日 | 1973 | — |
| | | 措施费分摊 | 元 | 844 | — |
| | | **人工费小计** | 元 | 62078 | 16.62 |
| | 材料费 | 钢筋（综合） | t | 13.80 | — |
| | | 钢材 | t | 0.50 | — |
| | | 水泥 425 | t | 73.60 | — |
| | | 中粗砂 | $m^3$ | 106.46 | — |
| | | 碎石 5~40mm | $m^3$ | 168.39 | — |
| | | 预应力钢绞线 | t | 1.74 | — |
| | | 片石 | $m^3$ | 39.29 | — |
| | | 其他材料费 | 元 | 17469 | — |
| | | 措施费分摊 | 元 | 9174 | — |
| | | **材料费小计** | 元 | 135191 | 36.19 |
| | 机械费 | 机械费 | 元 | 52396 | — |
| | | 措施费分摊 | 元 | 527 | — |
| | | **机械费小计** | 元 | 52923 | 14.17 |
| | **直接费小计** | | 元 | 250192 | 66.97 |
| 综合费用 | | | 元 | 57294 | 15.34 |
| **合　计** | | | 元 | 307486 | — |

## 1.3　钢筋混凝土T梁桥

**工程内容：**基础及下部构造、上部构造、桥面系工程及桥头护岸等。

单位：100m²

| 指标编号 | | | 单位 | 2Z-009 | |
|---|---|---|---|---|---|
| 项目 | | | 单位 | 单孔跨径≤30m | |
| | | | | 千处 | 占指标基价（%） |
| 指标基价 | | | 元 | 306634 | 100.00 |
| 一、建筑安装工程费 | | | 元 | 252373 | 82.30 |
| 二、设备购置费 | | | 元 | — | — |
| 三、工程建设其他费用 | | | 元 | 31547 | 10.29 |
| 四、基本预备费 | | | 元 | 22714 | 7.41 |
| **建筑安装工程费** | | | | | |
| 直接费 | 人工费 | 人工 | 工日 | 1501 | — |
| | | 措施费分摊 | 元 | 692 | — |
| | | **人工费小计** | 元 | 47268 | 15.42 |
| | 材料费 | 钢筋（综合） | t | 14.85 | — |
| | | 钢材 | t | 1.00 | — |
| | | 水泥 425 | t | 63.36 | — |
| | | 中粗砂 | m³ | 75.23 | — |
| | | 碎石 5~40mm | m³ | 115.39 | — |
| | | 片石 | m³ | 25.75 | — |
| | | 其他材料费 | 元 | 6336 | — |
| | | 措施费分摊 | 元 | 7529 | — |
| | | **材料费小计** | 元 | 108005 | 35.22 |
| | 机械费 | 机械费 | 元 | 49642 | — |
| | | 措施费分摊 | 元 | 433 | — |
| | | **机械费小计** | 元 | 50075 | 16.33 |
| | **直接费小计** | | 元 | 205349 | 66.97 |
| 综合费用 | | | 元 | 47025 | 15.34 |
| 合　计 | | | 元 | 252373 | — |

**工程内容：**基础及下部构造、上部构造、桥面系工程及桥头护岸等。

单位：$100m^2$

| 指标编号 | | | | 2Z-010 | |
|---|---|---|---|---|---|
| 项目 | | | 单位 | 单孔跨径≤30m | |
| | | | | 水中 | 占指标基价（%） |
| 指标基价 | | | 元 | 363732 | 100.00 |
| 一、建筑安装工程费 | | | 元 | 299368 | 82.30 |
| 二、设备购置费 | | | 元 | — | — |
| 三、工程建设其他费用 | | | 元 | 37421 | 10.29 |
| 四、基本预备费 | | | 元 | 26943 | 7.41 |
| **建筑安装工程费** | | | | | |
| 直接费 | 人工费 | 人工 | 工日 | 2058 | — |
| | | 措施费分摊 | 元 | 821 | — |
| | | **人工费小计** | 元 | 64681 | 17.78 |
| | 材料费 | 钢筋（综合） | t | 15.24 | — |
| | | 钢材 | t | 1.20 | — |
| | | 水泥 425 | t | 75.60 | — |
| | | 中粗砂 | $m^3$ | 111.10 | — |
| | | 碎石 5~40mm | $m^3$ | 129.72 | — |
| | | 片石 | $m^3$ | 23.39 | — |
| | | 其他材料费 | 元 | 6450 | — |
| | | 措施费分摊 | 元 | 8932 | — |
| | | **材料费小计** | 元 | 118311 | 32.53 |
| | 机械费 | 机械费 | 元 | 60082 | — |
| | | 措施费分摊 | 元 | 513 | — |
| | | **机械费小计** | 元 | 60595 | 16.66 |
| | **直接费小计** | | 元 | 243587 | 66.97 |
| 综合费用 | | | 元 | 55781 | 15.34 |
| **合　计** | | | 元 | 299368 | — |

## 1.4 预应力钢筋混凝土 T 梁桥

**工程内容：** 基础及下部构造、上部构造、桥面系工程及桥头护岸等。

单位：100m²

<table>
<tr><td colspan="3">指 标 编 号</td><td>单位</td><td colspan="2">2Z-011</td></tr>
<tr><td colspan="3" rowspan="2">项 目</td><td rowspan="2">单位</td><td colspan="2">单孔跨径≤30m</td></tr>
<tr><td>千处</td><td>占指标基价（%）</td></tr>
<tr><td colspan="3">指 标 基 价</td><td>元</td><td>351457</td><td>100.00</td></tr>
<tr><td colspan="3">一、建筑安装工程费</td><td>元</td><td>289265</td><td>82.30</td></tr>
<tr><td colspan="3">二、设备购置费</td><td>元</td><td>—</td><td>—</td></tr>
<tr><td colspan="3">三、工程建设其他费用</td><td>元</td><td>36158</td><td>10.29</td></tr>
<tr><td colspan="3">四、基本预备费</td><td>元</td><td>26034</td><td>7.41</td></tr>
<tr><td colspan="6">建筑安装工程费</td></tr>
<tr><td rowspan="17">直接费</td><td rowspan="3">人工费</td><td>人工</td><td>工日</td><td>1083</td><td>—</td></tr>
<tr><td>措施费分摊</td><td>元</td><td>794</td><td>—</td></tr>
<tr><td>人工费小计</td><td>元</td><td>34384</td><td>9.78</td></tr>
<tr><td rowspan="10">材料费</td><td>钢筋（综合）</td><td>t</td><td>13.75</td><td>—</td></tr>
<tr><td>钢材</td><td>t</td><td>1.00</td><td>—</td></tr>
<tr><td>水泥 425</td><td>t</td><td>63.36</td><td>—</td></tr>
<tr><td>中粗砂</td><td>m³</td><td>75.23</td><td>—</td></tr>
<tr><td>碎石 5~40mm</td><td>m³</td><td>115.39</td><td>—</td></tr>
<tr><td>预应力钢绞线</td><td>t</td><td>2.34</td><td>—</td></tr>
<tr><td>片石</td><td>m³</td><td>25.76</td><td>—</td></tr>
<tr><td>其他材料费</td><td>元</td><td>35615</td><td>—</td></tr>
<tr><td>措施费分摊</td><td>元</td><td>8630</td><td>—</td></tr>
<tr><td>材料费小计</td><td>元</td><td>149106</td><td>42.43</td></tr>
<tr><td rowspan="3">机械费</td><td>机械费</td><td>元</td><td>51379</td><td>—</td></tr>
<tr><td>措施费分摊</td><td>元</td><td>496</td><td>—</td></tr>
<tr><td>机械费小计</td><td>元</td><td>51875</td><td>14.76</td></tr>
<tr><td colspan="2">直接费小计</td><td>元</td><td>235366</td><td>66.97</td></tr>
<tr><td colspan="3">综合费用</td><td>元</td><td>53899</td><td>15.34</td></tr>
<tr><td colspan="3">合 计</td><td>元</td><td>289265</td><td>—</td></tr>
</table>

**工程内容：**基础及下部构造、上部构造、桥面系工程及桥头护岸等。

单位：100m²

| 指标编号 | | | | 2Z-012 | |
|---|---|---|---|---|---|
| 项目 | | | 单位 | 单孔跨径≤30m | |
| | | | | 水中 | 占指标基价（%） |
| 指标基价 | | | 元 | 409037 | 100.00 |
| 一、建筑安装工程费 | | | 元 | 336656 | 82.30 |
| 二、设备购置费 | | | 元 | — | — |
| 三、工程建设其他费用 | | | 元 | 42082 | 10.29 |
| 四、基本预备费 | | | 元 | 30299 | 7.41 |
| **建筑安装工程费** | | | | | |
| 直接费 | 人工费 | 人工 | 工日 | 1299 | — |
| | | 措施费分摊 | 元 | 924 | — |
| | | **人工费小计** | 元 | 41233 | 10.08 |
| | 材料费 | 钢筋（综合） | t | 13.75 | — |
| | | 钢材 | t | 1.00 | — |
| | | 水泥 425 | t | 63.36 | — |
| | | 中粗砂 | $m^3$ | 75.23 | — |
| | | 碎石 5~40mm | $m^3$ | 115.39 | — |
| | | 预应力钢绞线 | t | 2.34 | — |
| | | 片石 | $m^3$ | 25.76 | — |
| | | 其他材料费 | 元 | 49662 | — |
| | | 措施费分摊 | 元 | 10044 | — |
| | | **材料费小计** | 元 | 164568 | 40.23 |
| | 机械费 | 机械费 | 元 | 67549 | — |
| | | 措施费分摊 | 元 | 577 | — |
| | | **机械费小计** | 元 | 68127 | 16.66 |
| | **直接费小计** | | 元 | 273927 | 66.97 |
| 综合费用 | | | 元 | 62729 | 15.34 |
| **合计** | | | 元 | 336656 | — |

**工程内容**：基础及下部构造、上部构造、桥面系工程及桥头护岸等。

单位：100m$^2$

| 指标编号 | | | | 2Z-013 | |
|---|---|---|---|---|---|
| 项目 | | | 单位 | 单孔跨径＞30m | |
| | | | | 千处 | 占指标基价（%） |
| 指标基价 | | | 元 | 437895 | 100.00 |
| 一、建筑安装工程费 | | | 元 | 360407 | 82.30 |
| 二、设备购置费 | | | 元 | — | — |
| 三、工程建设其他费用 | | | 元 | 45051 | 10.29 |
| 四、基本预备费 | | | 元 | 32437 | 7.41 |
| **建筑安装工程费** | | | | | |
| 直接费 | 人工费 | 人工 | 工日 | 1407 | — |
| | | 措施费分摊 | 元 | 989 | — |
| | | **人工费小计** | 元 | 44657 | 10.20 |
| | 材料费 | 钢筋（综合） | t | 15.13 | — |
| | | 钢材 | t | 1.10 | — |
| | | 水泥 425 | t | 69.70 | — |
| | | 中粗砂 | m$^3$ | 82.75 | — |
| | | 碎石 5~40mm | m$^3$ | 126.93 | — |
| | | 预应力钢绞线 | t | 2.57 | — |
| | | 片石 | m$^3$ | 25.76 | — |
| | | 其他材料费 | 元 | 67664 | — |
| | | 措施费分摊 | 元 | 10753 | — |
| | | **材料费小计** | 元 | 193371 | 44.16 |
| | 机械费 | 机械费 | 元 | 54606 | — |
| | | 措施费分摊 | 元 | 618 | — |
| | | **机械费小计** | 元 | 55224 | 12.61 |
| | **直接费小计** | | 元 | 293253 | 66.97 |
| 综合费用 | | | 元 | 67155 | 15.34 |
| **合计** | | | 元 | 360407 | — |

**工程内容：**基础及下部构造、上部构造、桥面系工程及桥头护岸等。

单位：100m²

| 指标编号 | | | | 2Z-014 | |
|---|---|---|---|---|---|
| 项目 | | | 单位 | 单孔跨径＞30m | |
| | | | | 水中 | 占指标基价（%） |
| 指标基价 | | | 元 | 499556 | 100.00 |
| 一、建筑安装工程费 | | | 元 | 411157 | 82.30 |
| 二、设备购置费 | | | 元 | — | — |
| 三、工程建设其他费用 | | | 元 | 51395 | 10.29 |
| 四、基本预备费 | | | 元 | 37004 | 7.41 |
| **建筑安装工程费** | | | | | |
| 直接费 | 人工费 | 人工 | 工日 | 1829 | — |
| | | 措施费分摊 | 元 | 1128 | — |
| | | **人工费小计** | 元 | 57897 | 11.59 |
| | 材料费 | 钢筋（综合） | t | 15.13 | — |
| | | 钢材 | t | 1.10 | — |
| | | 水泥 425 | t | 69.70 | — |
| | | 中粗砂 | m³ | 82.75 | — |
| | | 碎石 5~40mm | m³ | 126.93 | — |
| | | 预应力钢绞线 | t | 2.57 | — |
| | | 片石 | m³ | 25.76 | — |
| | | 其他材料费 | 元 | 85926 | — |
| | | 措施费分摊 | 元 | 12267 | — |
| | | **材料费小计** | 元 | 213147 | 42.67 |
| | 机械费 | 机械费 | 元 | 62797 | — |
| | | 措施费分摊 | 元 | 705 | — |
| | | **机械费小计** | 元 | 63502 | 12.71 |
| | **直接费小计** | | 元 | 334546 | 66.97 |
| 综合费用 | | | 元 | 76611 | 15.34 |
| **合　计** | | | 元 | 411157 | — |

# 1.5　钢筋混凝土箱型梁桥

**工程内容：**基础及下部构造、上部构造、桥面系工程及桥头护岸等。

单位：100m²

| 指标编号 | | | | 2Z-015 | |
|---|---|---|---|---|---|
| 项目 | | | 单位 | 单孔跨径≤20m | |
| | | | | 千处 | 占指标基价（%） |
| 指标基价 | | | 元 | 411029 | 100.00 |
| 一、建筑安装工程费 | | | 元 | 338295 | 82.30 |
| 二、设备购置费 | | | 元 | — | — |
| 三、工程建设其他费用 | | | 元 | 42287 | 10.29 |
| 四、基本预备费 | | | 元 | 30447 | 7.41 |
| **建筑安装工程费** | | | | | |
| 直接费 | 人工费 | 人工 | 工日 | 1791 | — |
| | | 措施费分摊 | 元 | 928 | — |
| | | **人工费小计** | 元 | 56503 | 13.75 |
| | 材料费 | 钢筋（综合） | t | 24.00 | — |
| | | 钢材 | t | 1.30 | — |
| | | 水泥 425 | t | 62.20 | — |
| | | 中粗砂 | m³ | 62.24 | — |
| | | 碎石 5~40mm | m³ | 122.73 | — |
| | | 片石 | m³ | 25.91 | — |
| | | 其他材料费 | 元 | 34991 | — |
| | | 措施费分摊 | 元 | 10093 | — |
| | | **材料费小计** | 元 | 172834 | 42.05 |
| | 机械费 | 机械费 | 元 | 45344 | — |
| | | 措施费分摊 | 元 | 580 | — |
| | | **机械费小计** | 元 | 45924 | 11.17 |
| | **直接费小计** | | 元 | 275261 | 66.97 |
| 综合费用 | | | 元 | 63035 | 15.34 |
| 合　计 | | | 元 | 338295 | — |

**工程内容**：基础及下部构造、上部构造、桥面系工程及桥头护岸等。

单位：100m²

<table>
<tr><td colspan="3">指 标 编 号</td><td colspan="3">2Z-016</td></tr>
<tr><td colspan="3" rowspan="2">项　目</td><td rowspan="2">单位</td><td colspan="2">单孔跨径≤20m</td></tr>
<tr><td>水中</td><td>占指标基价（%）</td></tr>
<tr><td colspan="3">指 标 基 价</td><td>元</td><td>447586</td><td>100.00</td></tr>
<tr><td colspan="3">一、建筑安装工程费</td><td>元</td><td>368384</td><td>82.30</td></tr>
<tr><td colspan="3">二、设备购置费</td><td>元</td><td>—</td><td>—</td></tr>
<tr><td colspan="3">三、工程建设其他费用</td><td>元</td><td>46048</td><td>10.29</td></tr>
<tr><td colspan="3">四、基本预备费</td><td>元</td><td>33155</td><td>7.41</td></tr>
<tr><td colspan="6">建筑安装工程费</td></tr>
<tr><td rowspan="17">直接费</td><td rowspan="3">人工费</td><td>人工</td><td>工日</td><td>2579</td><td>—</td></tr>
<tr><td>措施费分摊</td><td>元</td><td>1011</td><td>—</td></tr>
<tr><td>人工费小计</td><td>元</td><td>81038</td><td>18.11</td></tr>
<tr><td rowspan="9">材料费</td><td>钢筋（综合）</td><td>t</td><td>24.00</td><td>—</td></tr>
<tr><td>钢材</td><td>t</td><td>1.30</td><td>—</td></tr>
<tr><td>水泥 425</td><td>t</td><td>62.20</td><td>—</td></tr>
<tr><td>中粗砂</td><td>m³</td><td>62.24</td><td>—</td></tr>
<tr><td>碎石 5~40mm</td><td>m³</td><td>122.73</td><td>—</td></tr>
<tr><td>片石</td><td>m³</td><td>25.91</td><td>—</td></tr>
<tr><td>其他材料费</td><td>元</td><td>32628</td><td>—</td></tr>
<tr><td>措施费分摊</td><td>元</td><td>10991</td><td>—</td></tr>
<tr><td>材料费小计</td><td>元</td><td>171369</td><td>38.29</td></tr>
<tr><td rowspan="3">机械费</td><td>机械费</td><td>元</td><td>46704</td><td>—</td></tr>
<tr><td>措施费分摊</td><td>元</td><td>632</td><td>—</td></tr>
<tr><td>机械费小计</td><td>元</td><td>47336</td><td>10.58</td></tr>
<tr><td colspan="2">直接费小计</td><td>元</td><td>299743</td><td>66.97</td></tr>
<tr><td colspan="3">综合费用</td><td>元</td><td>68641</td><td>15.34</td></tr>
<tr><td colspan="3">合　计</td><td>元</td><td>368384</td><td>—</td></tr>
</table>

## 1.6 预应力钢筋混凝土箱型梁桥

**工程内容**：基础及下部构造、上部构造、桥面系工程及桥头护岸等。

单位：100m²

| 指标编号 | | | | 2Z-017 | |
|---|---|---|---|---|---|
| 项目 | | | 单位 | 单孔跨径＞30m | |
| | | | | 千处 | 占指标基价（%） |
| 指标基价 | | | 元 | 419543 | 100.00 |
| 一、建筑安装工程费 | | | 元 | 345303 | 82.30 |
| 二、设备购置费 | | | 元 | — | — |
| 三、工程建设其他费用 | | | 元 | 43163 | 10.29 |
| 四、基本预备费 | | | 元 | 31077 | 7.41 |
| 建筑安装工程费 | | | | | |
| 直接费 | 人工费 | 人工 | 工日 | 1970 | — |
| | | 措施费分摊 | 元 | 947 | — |
| | | 人工费小计 | 元 | 62080 | 14.80 |
| | 材料费 | 钢筋（综合） | t | 22.00 | — |
| | | 钢材 | t | 1.30 | — |
| | | 水泥 425 | t | 65.31 | — |
| | | 中粗砂 | m³ | 65.35 | — |
| | | 碎石 5~40mm | m³ | 128.87 | — |
| | | 预应力钢绞线 | t | 3.00 | — |
| | | 片石 | m³ | 25.91 | — |
| | | 其他材料费 | 元 | 19402 | — |
| | | 措施费分摊 | 元 | 10302 | — |
| | | 材料费小计 | 元 | 170680 | 40.68 |
| | 机械费 | 机械费 | 元 | 47611 | — |
| | | 措施费分摊 | 元 | 592 | — |
| | | 机械费小计 | 元 | 48203 | 11.49 |
| | 直接费小计 | | 元 | 280963 | 66.97 |
| 综合费用 | | | 元 | 64340 | 15.34 |
| 合计 | | | 元 | 345303 | — |

**工程内容**：基础及下部构造、上部构造、桥面系工程及桥头护岸等。

单位：100m²

| 指标编号 | | | | 2Z-018 | |
|---|---|---|---|---|---|
| 项目 | | | 单位 | 单孔跨径＞30m | |
| | | | | 水中 | 占指标基价（%） |
| 指标基价 | | | 元 | 475775 | 100.00 |
| 一、建筑安装工程费 | | | 元 | 391584 | 82.30 |
| 二、设备购置费 | | | 元 | — | — |
| 三、工程建设其他费用 | | | 元 | 48948 | 10.29 |
| 四、基本预备费 | | | 元 | 35243 | 7.41 |
| **建筑安装工程费** | | | | | |
| 直接费 | 人工费 | 人工 | 工日 | 2837 | — |
| | | 措施费分摊 | 元 | 1074 | — |
| | | **人工费小计** | 元 | 89105 | 18.73 |
| | 材料费 | 钢筋（综合） | t | 22.00 | — |
| | | 钢材 | t | 1.30 | — |
| | | 水泥 425 | t | 65.31 | — |
| | | 中粗砂 | m³ | 65.35 | — |
| | | 碎石 5~40mm | m³ | 128.87 | — |
| | | 预应力钢绞线 | t | 3.00 | — |
| | | 片石 | m³ | 25.91 | — |
| | | 其他材料费 | 元 | 27421 | — |
| | | 措施费分摊 | 元 | 11683 | — |
| | | **材料费小计** | 元 | 180080 | 37.85 |
| | 机械费 | 机械费 | 元 | 48764 | — |
| | | 措施费分摊 | 元 | 671 | — |
| | | **机械费小计** | 元 | 49436 | 10.39 |
| | **直接费小计** | | 元 | 318620 | 66.97 |
| 综合费用 | | | 元 | 72964 | 15.34 |
| **合计** | | | 元 | 391584 | — |

# 1.7 预应力钢筋混凝土连续梁桥

**工程内容：**基础及下部构造、上部构造、桥面系工程及桥头护岸等。

单位：100m²

| 指标编号 | | | | 2Z-019 | |
|---|---|---|---|---|---|
| 项目 | | | 单位 | 单孔跨径≤60m | |
| | | | | 水深<5m | 占指标基价（%） |
| 指标基价 | | | 元 | 618171 | 100.00 |
| 一、建筑安装工程费 | | | 元 | 508783 | 82.30 |
| 二、设备购置费 | | | 元 | — | — |
| 三、工程建设其他费用 | | | 元 | 63598 | 10.29 |
| 四、基本预备费 | | | 元 | 45790 | 7.41 |
| 建筑安装工程费 | | | | | |
| 直接费 | 人工费 | 人工 | 工日 | 2464 | — |
| | | 措施费分摊 | 元 | 1396 | — |
| | | **人工费小计** | 元 | 77854 | 12.59 |
| | 材料费 | 钢筋（综合） | t | 20.63 | — |
| | | 钢材 | t | 9.57 | — |
| | | 水泥 425 | t | 83.3 | — |
| | | 中粗砂 | $m^3$ | 149.54 | — |
| | | 碎石 5~40mm | $m^3$ | 206.21 | — |
| | | 预应力钢绞线 | t | 3.81 | — |
| | | 片石 | $m^3$ | 27.33 | — |
| | | 其他材料费 | 元 | 16388 | — |
| | | 措施费分摊 | 元 | 15179 | — |
| | | **材料费小计** | 元 | 232822 | 37.66 |
| | 机械费 | 机械费 | 元 | 102433 | — |
| | | 措施费分摊 | 元 | 872 | — |
| | | **机械费小计** | 元 | 103305 | 16.71 |
| | **直接费小计** | | 元 | 413981 | 66.97 |
| 综合费用 | | | 元 | 94802 | 15.34 |
| **合计** | | | 元 | 508783 | — |

**工程内容**：基础及下部构造、上部构造、桥面系工程及桥头护岸等。

单位：100$m^2$

| 指标编号 | | | | 2Z-020 | |
|---|---|---|---|---|---|
| 项目 | | | 单位 | 单孔跨径＜60m | |
| | | | | 水深<10m | 占指标基价（%） |
| 指标基价 | | | 元 | 775159 | 100.00 |
| 一、建筑安装工程费 | | | 元 | 637991 | 82.30 |
| 二、设备购置费 | | | 元 | — | — |
| 三、工程建设其他费用 | | | 元 | 79749 | 10.29 |
| 四、基本预备费 | | | 元 | 57419 | 7.41 |
| **建筑安装工程费** | | | | | |
| 直接费 | 人工费 | 人工 | 工日 | 3527 | — |
| | | 措施费分摊 | 元 | 1750 | — |
| | | **人工费小计** | 元 | 111187 | 14.34 |
| | 材料费 | 钢筋（综合） | t | 22.82 | — |
| | | 钢材 | t | 14.64 | — |
| | | 水泥 425 | t | 85.3 | — |
| | | 中粗砂 | $m^3$ | 145.86 | — |
| | | 碎石 5~40mm | $m^3$ | 196.48 | — |
| | | 预应力钢绞线 | t | 3.81 | — |
| | | 片石 | $m^3$ | 24.43 | — |
| | | 其他材料费 | 元 | 15719 | — |
| | | 措施费分摊 | 元 | 19034 | — |
| | | **材料费小计** | 元 | 271214 | 34.99 |
| | 机械费 | 机械费 | 元 | 135619 | — |
| | | 措施费分摊 | 元 | 1094 | — |
| | | **机械费小计** | 元 | 136713 | 17.64 |
| | **直接费小计** | | 元 | 519114 | 66.97 |
| 综合费用 | | | 元 | 118877 | 15.34 |
| **合　计** | | | 元 | 637991 | — |

**工程内容：**基础及下部构造、上部构造、桥面系工程及桥头护岸等。

单位：100m²

| 指标编号 | | | | 2Z-021 | |
|---|---|---|---|---|---|
| 项目 | | | 单位 | 单孔跨径 60～120m 墩高≤20m | |
| | | | | 水深<5m | 占指标基价（%） |
| 指标基价 | | | 元 | 790460 | 100.00 |
| 一、建筑安装工程费 | | | 元 | 650585 | 82.30 |
| 二、设备购置费 | | | 元 | — | — |
| 三、工程建设其他费用 | | | 元 | 81323 | 10.29 |
| 四、基本预备费 | | | 元 | 58553 | 7.41 |
| **建筑安装工程费** | | | | | |
| 直接费 | 人工费 | 人工 | 工日 | 2838 | — |
| | | 措施费分摊 | 元 | 1785 | — |
| | | **人工费小计** | 元 | 89848 | 11.37 |
| | 材料费 | 钢筋（综合） | t | 25.22 | — |
| | | 钢材 | t | 9.85 | — |
| | | 水泥 425 | t | 130.51 | — |
| | | 中粗砂 | $m^3$ | 202.89 | — |
| | | 碎石 5~40mm | $m^3$ | 289.08 | — |
| | | 预应力钢绞线 | t | 4.78 | — |
| | | 片石 | $m^3$ | 29.44 | — |
| | | 其他材料费 | 元 | 26841 | — |
| | | 措施费分摊 | 元 | 19410 | — |
| | | **材料费小计** | 元 | 295311 | 37.36 |
| | 机械费 | 机械费 | 元 | 143086 | — |
| | | 措施费分摊 | 元 | 1116 | — |
| | | **机械费小计** | 元 | 144202 | 18.24 |
| | **直接费小计** | | 元 | 529361 | 66.97 |
| 综合费用 | | | 元 | 121224 | 15.34 |
| **合　　计** | | | 元 | 650585 | — |

**工程内容**：基础及下部构造、上部构造、桥面系工程及桥头护岸等。

单位：100m²

| 指标编号 | | | | 2Z-022 | |
|---|---|---|---|---|---|
| 项目 | | | 单位 | 单孔跨径 60～120m　墩高≤20m | |
| | | | | 水深<10m | 占指标基价（%） |
| 指标基价 | | | 元 | 901636 | 100.00 |
| 一、建筑安装工程费 | | | 元 | 742087 | 82.30 |
| 二、设备购置费 | | | 元 | — | — |
| 三、工程建设其他费用 | | | 元 | 92761 | 10.29 |
| 四、基本预备费 | | | 元 | 66788 | 7.41 |
| **建筑安装工程费** | | | | | |
| 直接费 | 人工费 | 人工 | 工日 | 3982 | — |
| | | 措施费分摊 | 元 | 2036 | — |
| | | **人工费小计** | 元 | 125585 | 13.93 |
| | 材料费 | 钢筋（综合） | t | 26.96 | — |
| | | 钢材 | t | 14.92 | — |
| | | 水泥 425 | t | 135.16 | — |
| | | 中粗砂 | m³ | 197.98 | — |
| | | 碎石 5~40mm | m³ | 276.43 | — |
| | | 预应力钢绞线 | t | 4.78 | — |
| | | 片石 | m³ | 26.54 | — |
| | | 其他材料费 | 元 | 12254 | — |
| | | 措施费分摊 | 元 | 22140 | — |
| | | **材料费小计** | 元 | 317769 | 35.24 |
| | 机械费 | 机械费 | 元 | 159187 | — |
| | | 措施费分摊 | 元 | 1272 | — |
| | | **机械费小计** | 元 | 160459 | 17.80 |
| | **直接费小计** | | 元 | 603814 | 66.97 |
| 综合费用 | | | 元 | 138273 | 15.34 |
| **合　计** | | | 元 | 742087 | — |

**工程内容**：基础及下部构造、上部构造、桥面系工程及桥头护岸等。

单位：$100m^2$

| 指标编号 | | | | 2Z-023 | |
|---|---|---|---|---|---|
| 项目 | | | 单位 | 单孔跨径 60～120m 墩高≤20m | |
| | | | | 水深>10m | 占指标基价（%） |
| 指标基价 | | | 元 | 1103948 | 100.00 |
| 一、建筑安装工程费 | | | 元 | 908599 | 82.30 |
| 二、设备购置费 | | | 元 | — | — |
| 三、工程建设其他费用 | | | 元 | 113575 | 10.29 |
| 四、基本预备费 | | | 元 | 81774 | 7.41 |
| **建筑安装工程费** | | | | | |
| 直接费 | 人工费 | 人工 | 工日 | 4511 | — |
| | | 措施费分摊 | 元 | 2493 | — |
| | | **人工费小计** | 元 | 142469 | 12.91 |
| | 材料费 | 钢筋（综合） | t | 29.61 | — |
| | | 钢材 | t | 23.26 | — |
| | | 水泥 425 | t | 142.84 | — |
| | | 中粗砂 | $m^3$ | 193.58 | — |
| | | 碎石 5~40mm | $m^3$ | 267.75 | — |
| | | 预应力钢绞线 | t | 4.78 | — |
| | | 片石 | $m^3$ | 26.01 | — |
| | | 其他材料费 | 元 | 9624 | — |
| | | 措施费分摊 | 元 | 27108 | — |
| | | **材料费小计** | 元 | 377305 | 34.18 |
| | 机械费 | 机械费 | 元 | 217968 | — |
| | | 措施费分摊 | 元 | 1558 | — |
| | | **机械费小计** | 元 | 219526 | 19.89 |
| | **直接费小计** | | 元 | 739300 | 66.97 |
| 综合费用 | | | 元 | 169300 | 15.34 |
| **合计** | | | 元 | 908599 | — |

**工程内容：**基础及下部构造、上部构造、桥面系工程及桥头护岸等。

单位：100m²

| 指标编号 | | | | 2Z-024 | |
|---|---|---|---|---|---|
| 项目 | | | 单位 | 单孔跨径 60 ~ 120m 墩高>20m | |
| | | | | 水深<5m | 占指标基价（%） |
| 指标基价 | | | 元 | 861936 | 100.00 |
| 一、建筑安装工程费 | | | 元 | 709413 | 82.30 |
| 二、设备购置费 | | | 元 | — | — |
| 三、工程建设其他费用 | | | 元 | 88677 | 10.29 |
| 四、基本预备费 | | | 元 | 63847 | 7.41 |
| **建筑安装工程费** | | | | | |
| 直接费 | 人工费 | 人工 | 工日 | 3078 | — |
| | | 措施费分摊 | 元 | 1946 | — |
| | | **人工费小计** | 元 | 97457 | 11.31 |
| | 材料费 | 钢筋（综合） | t | 25.96 | — |
| | | 钢材 | t | 9.94 | — |
| | | 水泥 425 | t | 149.00 | — |
| | | 中粗砂 | $m^3$ | 239.54 | — |
| | | 碎石 5~40mm | $m^3$ | 328.26 | — |
| | | 预应力钢绞线 | t | 4.78 | — |
| | | 片石 | $m^3$ | 24.27 | — |
| | | 其他材料费 | 元 | 36378 | — |
| | | 措施费分摊 | 元 | 21165 | — |
| | | **材料费小计** | 元 | 319258 | 37.04 |
| | 机械费 | 机械费 | 元 | 159297 | — |
| | | 措施费分摊 | 元 | 1216 | — |
| | | **机械费小计** | 元 | 160513 | 18.62 |
| | **直接费小计** | | 元 | 577228 | 66.97 |
| 综合费用 | | | 元 | 132185 | 15.34 |
| **合　计** | | | 元 | 709413 | — |

**工程内容：**基础及下部构造、上部构造、桥面系工程及桥头护岸等。

单位：100m²

<table>
<tr><td colspan="3">指 标 编 号</td><td colspan="2">2Z-025</td></tr>
<tr><td colspan="3" rowspan="2">项　目</td><td rowspan="2">单位</td><td colspan="2">单孔跨径 60～120m　墩高>20m</td></tr>
<tr><td>水深<10m</td><td>占指标基价（%）</td></tr>
<tr><td colspan="3">指 标 基 价</td><td>元</td><td>995362</td><td>100.00</td></tr>
<tr><td colspan="3">一、建筑安装工程费</td><td>元</td><td>819228</td><td>82.30</td></tr>
<tr><td colspan="3">二、设备购置费</td><td>元</td><td>—</td><td>—</td></tr>
<tr><td colspan="3">三、工程建设其他费用</td><td>元</td><td>102403</td><td>10.29</td></tr>
<tr><td colspan="3">四、基本预备费</td><td>元</td><td>73731</td><td>7.41</td></tr>
<tr><td colspan="6">建筑安装工程费</td></tr>
<tr><td rowspan="18">直接费</td><td rowspan="3">人工费</td><td>人工</td><td>工日</td><td>4205</td><td>—</td></tr>
<tr><td>措施费分摊</td><td>元</td><td>2247</td><td>—</td></tr>
<tr><td>人工费小计</td><td>元</td><td>132722</td><td>13.33</td></tr>
<tr><td rowspan="10">材料费</td><td>钢筋（综合）</td><td>t</td><td>30.30</td><td>—</td></tr>
<tr><td>钢材</td><td>t</td><td>15.01</td><td>—</td></tr>
<tr><td>水泥 425</td><td>t</td><td>153.48</td><td>—</td></tr>
<tr><td>中粗砂</td><td>m³</td><td>216.71</td><td>—</td></tr>
<tr><td>碎石 5~40mm</td><td>m³</td><td>291.20</td><td>—</td></tr>
<tr><td>预应力钢绞线</td><td>t</td><td>4.78</td><td>—</td></tr>
<tr><td>片石</td><td>m³</td><td>22.59</td><td>—</td></tr>
<tr><td>其他材料费</td><td>元</td><td>8913</td><td>—</td></tr>
<tr><td>措施费分摊</td><td>元</td><td>24441</td><td>—</td></tr>
<tr><td>材料费小计</td><td>元</td><td>336560</td><td>33.81</td></tr>
<tr><td rowspan="3">机械费</td><td>机械费</td><td>元</td><td>195894</td><td>—</td></tr>
<tr><td>措施费分摊</td><td>元</td><td>1405</td><td>—</td></tr>
<tr><td>机械费小计</td><td>元</td><td>197299</td><td>19.82</td></tr>
<tr><td colspan="2">直接费小计</td><td>元</td><td>666581</td><td>66.97</td></tr>
<tr><td colspan="3">综合费用</td><td>元</td><td>152647</td><td>15.34</td></tr>
<tr><td colspan="3">合　计</td><td>元</td><td>819228</td><td>—</td></tr>
</table>

**工程内容**：基础及下部构造、上部构造、桥面系工程及桥头护岸等。

单位：$100m^2$

| 指标编号 | | | | 2Z-026 | |
|---|---|---|---|---|---|
| 项目 | | | 单位 | 单孔跨径 60～120m 墩高>20m | |
| | | | | 水深>10m | 占指标基价（%） |
| 指标基价 | | | 元 | 1206597 | 100.00 |
| 一、建筑安装工程费 | | | 元 | 993084 | 82.30 |
| 二、设备购置费 | | | 元 | — | — |
| 三、工程建设其他费用 | | | 元 | 124136 | 10.29 |
| 四、基本预备费 | | | 元 | 89378 | 7.41 |
| **建筑安装工程费** | | | | | |
| 直接费 | 人工费 | 人工 | 工日 | 4707 | — |
| | | 措施费分摊 | 元 | 2724 | — |
| | | **人工费小计** | 元 | 148783 | 12.33 |
| | 材料费 | 钢筋（综合） | t | 33.53 | — |
| | | 钢材 | t | 23.35 | — |
| | | 水泥 425 | t | 157.44 | — |
| | | 中粗砂 | $m^3$ | 226.12 | — |
| | | 碎石 5~40mm | $m^3$ | 302.42 | — |
| | | 预应力钢绞线 | t | 4.78 | — |
| | | 片石 | $m^3$ | 22.06 | — |
| | | 其他材料费 | 元 | 11084 | — |
| | | 措施费分摊 | 元 | 29628 | — |
| | | **材料费小计** | 元 | 403613 | 33.45 |
| | 机械费 | 机械费 | 元 | 253944 | — |
| | | 措施费分摊 | 元 | 1703 | — |
| | | **机械费小计** | 元 | 255647 | 21.19 |
| | **直接费小计** | | 元 | 808042 | 66.97 |
| 综合费用 | | | 元 | 185042 | 15.34 |
| **合计** | | | 元 | 993084 | — |

**工程内容**：基础及下部构造、上部构造、桥面系工程及桥头护岸等。

单位：100m²

| 指标编号 | | | | 2Z-027 | |
|---|---|---|---|---|---|
| 项目 | | | 单位 | 单孔跨径>120m　墩高≤20m | |
| | | | | 水深≥10m | 占指标基价（%） |
| 指标基价 | | | 元 | 1223369 | 100.00 |
| 一、建筑安装工程费 | | | 元 | 1006888 | 82.30 |
| 二、设备购置费 | | | 元 | — | — |
| 三、工程建设其他费用 | | | 元 | 125861 | 10.29 |
| 四、基本预备费 | | | 元 | 90620 | 7.41 |
| **建筑安装工程费** | | | | | |
| 直接费 | 人工费 | 人工 | 工日 | 4753 | — |
| | | 措施费分摊 | 元 | 2762 | — |
| | | **人工费小计** | 元 | 150248 | 12.28 |
| | 材料费 | 钢筋（综合） | t | 36.49 | — |
| | | 钢材 | t | 23.90 | — |
| | | 水泥 425 | t | 149.93 | — |
| | | 中粗砂 | $m^3$ | 190.96 | — |
| | | 碎石 5~40mm | $m^3$ | 279.36 | — |
| | | 预应力钢绞线 | t | 6.69 | — |
| | | 片石 | $m^3$ | 16.87 | — |
| | | 其他材料费 | 元 | 8806 | — |
| | | 措施费分摊 | 元 | 30040 | — |
| | | **材料费小计** | 元 | 420964 | 34.41 |
| | 机械费 | 机械费 | 元 | 246336 | — |
| | | 措施费分摊 | 元 | 1726 | — |
| | | **机械费小计** | 元 | 248062 | 20.28 |
| | **直接费小计** | | 元 | 819274 | 66.97 |
| 综合费用 | | | 元 | 187614 | 15.34 |
| **合　计** | | | 元 | 1006888 | — |

**工程内容**：基础及下部构造、上部构造、桥面系工程及桥头护岸等。

单位：100m²

| 指标编号 | | | | 2Z-028 | |
|---|---|---|---|---|---|
| 项目 | | | 单位 | 单孔跨径>120m 墩高≤20m | |
| | | | | 水深<10m | 占指标基价（%） |
| 指标基价 | | | 元 | 1011611 | 100.00 |
| 一、建筑安装工程费 | | | 元 | 832602 | 82.30 |
| 二、设备购置费 | | | 元 | — | — |
| 三、工程建设其他费用 | | | 元 | 104075 | 10.29 |
| 四、基本预备费 | | | 元 | 74934 | 7.41 |
| **建筑安装工程费** | | | | | |
| 直接费 | 人工费 | 人工 | 工日 | 4261 | — |
| | | 措施费分摊 | 元 | 2284 | — |
| | | **人工费小计** | 元 | 134509 | 13.30 |
| | 材料费 | 钢筋（综合） | t | 31.04 | — |
| | | 钢材 | t | 15.57 | — |
| | | 水泥 425 | t | 139.23 | — |
| | | 中粗砂 | m³ | 185.48 | — |
| | | 碎石 5~40mm | m³ | 268.82 | — |
| | | 预应力钢绞线 | t | 6.69 | — |
| | | 片石 | m³ | 17.40 | — |
| | | 其他材料费 | 元 | 16690 | — |
| | | 措施费分摊 | 元 | 24840 | — |
| | | **材料费小计** | 元 | 353978 | 34.99 |
| | 机械费 | 机械费 | 元 | 187548 | — |
| | | 措施费分摊 | 元 | 1428 | — |
| | | **机械费小计** | 元 | 188976 | 18.68 |
| | **直接费小计** | | 元 | 677463 | 66.97 |
| 综合费用 | | | 元 | 155139 | 15.34 |
| **合计** | | | 元 | 832602 | — |

**工程内容：**基础及下部构造、上部构造、桥面系工程及桥头护岸等。

单位：$100m^2$

| 指标编号 | | | | 2Z-029 | |
|---|---|---|---|---|---|
| 项目 | | | 单位 | 单孔跨径>120m　墩高>20m | |
| | | | | 水深≥10m | 占指标基价（%） |
| 指标基价 | | | 元 | 1320510 | 100.00 |
| 一、建筑安装工程费 | | | 元 | 1086840 | 82.30 |
| 二、设备购置费 | | | 元 | — | — |
| 三、工程建设其他费用 | | | 元 | 135855 | 10.29 |
| 四、基本预备费 | | | 元 | 97816 | 7.41 |
| **建筑安装工程费** | | | | | |
| 直接费 | 人工费 | 人工 | 工日 | 4995 | — |
| | | 措施费分摊 | 元 | 2982 | — |
| | | **人工费小计** | 元 | 157976 | 11.96 |
| | 材料费 | 钢筋（综合） | t | 39.07 | — |
| | | 钢材 | t | 24.00 | — |
| | | 水泥 425 | t | 171.68 | — |
| | | 中粗砂 | $m^3$ | 236.45 | — |
| | | 碎石 5~40mm | $m^3$ | 326.72 | — |
| | | 预应力钢绞线 | t | 6.69 | — |
| | | 片石 | $m^3$ | 12.92 | — |
| | | 其他材料费 | 元 | 8864 | — |
| | | 措施费分摊 | 元 | 32425 | — |
| | | **材料费小计** | 元 | 444825 | 33.69 |
| | 机械费 | 机械费 | 元 | 279663 | — |
| | | 措施费分摊 | 元 | 1864 | — |
| | | **机械费小计** | 元 | 281527 | 21.32 |
| | **直接费小计** | | 元 | 884329 | 66.97 |
| 综合费用 | | | 元 | 202511 | 15.34 |
| **合　计** | | | 元 | 1086840 | — |

**工程内容：**基础及下部构造、上部构造、桥面系工程及桥头护岸等。

单位：100m²

| 指标编号 | | | | 2Z-030 | |
|---|---|---|---|---|---|
| 项目 | | | 单位 | 单孔跨径>120m 墩高>20m | |
| | | | | 水深<10m | 占指标基价（%） |
| 指标基价 | | | 元 | 1077599 | 100.00 |
| 一、建筑安装工程费 | | | 元 | 886913 | 82.30 |
| 二、设备购置费 | | | 元 | — | — |
| 三、工程建设其他费用 | | | 元 | 110864 | 10.29 |
| 四、基本预备费 | | | 元 | 79822 | 7.41 |
| **建筑安装工程费** | | | | | |
| 直接费 | 人工费 | 人工 | 工日 | 3813 | — |
| | | 措施费分摊 | 元 | 2433 | — |
| | | **人工费小计** | 元 | 120751 | 11.21 |
| | 材料费 | 钢筋（综合） | t | 33.73 | — |
| | | 钢材 | t | 15.66 | — |
| | | 水泥 425 | t | 161.97 | — |
| | | 中粗砂 | $m^3$ | 217.90 | — |
| | | 碎石 5~40mm | $m^3$ | 303.37 | — |
| | | 预应力钢绞线 | t | 6.69 | — |
| | | 片石 | $m^3$ | 13.45 | — |
| | | 其他材料费 | 元 | 17412 | — |
| | | 措施费分摊 | 元 | 26461 | — |
| | | **材料费小计** | 元 | 377119 | 35.00 |
| | 机械费 | 机械费 | 元 | 222264 | — |
| | | 措施费分摊 | 元 | 1521 | — |
| | | **机械费小计** | 元 | 223785 | 20.77 |
| | **直接费小计** | | 元 | 721654 | 66.97 |
| 综合费用 | | | 元 | 165259 | 15.34 |
| **合计** | | | 元 | 886913 | — |

## 1.8 预应力钢筋混凝土 T 型刚构桥

**工程内容：**基础及下部构造、上部构造、桥面系工程及桥头护岸等。

单位：$100m^2$

| 指 标 编 号 | | | | 2Z-031 | |
|---|---|---|---|---|---|
| 项 目 | | | 单位 | 单孔跨径≤120m 墩高≤20m | |
| | | | | 水深<5m | 占指标基价（%） |
| 指 标 基 价 | | | 元 | 752966 | 100.00 |
| 一、建筑安装工程费 | | | 元 | 619725 | 82.30 |
| 二、设备购置费 | | | 元 | — | — |
| 三、工程建设其他费用 | | | 元 | 77466 | 10.29 |
| 四、基本预备费 | | | 元 | 55775 | 7.41 |
| **建筑安装工程费** | | | | | |
| 直接费 | 人工费 | 人工 | 工日 | 2802 | — |
| | | 措施费分摊 | 元 | 1700 | — |
| | | **人工费小计** | 元 | 88646 | 11.77 |
| | 材料费 | 钢筋（综合） | t | 18.60 | — |
| | | 钢材 | t | 11.81 | — |
| | | 水泥 425 | t | 138.24 | — |
| | | 中粗砂 | $m^3$ | 245.93 | — |
| | | 碎石 5~40mm | $m^3$ | 287.20 | — |
| | | 预应力钢绞线 | t | 4.61 | — |
| | | 片石 | $m^3$ | 28.92 | — |
| | | 其他材料费 | 元 | 37553 | — |
| | | 措施费分摊 | 元 | 18489 | — |
| | | **材料费小计** | 元 | 295700 | 34.27 |
| | 机械费 | 机械费 | 元 | 118842 | — |
| | | 措施费分摊 | 元 | 1063 | — |
| | | **机械费小计** | 元 | 119905 | 15.92 |
| | **直接费小计** | | 元 | 504251 | 66.97 |
| 综合费用 | | | 元 | 115474 | 15.34 |
| 合 计 | | | 元 | 619725 | — |

**工程内容**：基础及下部构造、上部构造、桥面系工程及桥头护岸等。

单位：100m²

| 指标编号 | | | | 2Z-032 | |
|---|---|---|---|---|---|
| 项目 | | | 单位 | 单孔跨径≤120m 墩高≤20m | |
| | | | | 水深<10m | 占指标基价（%） |
| 指标基价 | | | 元 | 868143 | 100.00 |
| 一、建筑安装工程费 | | | 元 | 714521 | 82.30 |
| 二、设备购置费 | | | 元 | — | — |
| 三、工程建设其他费用 | | | 元 | 89315 | 10.29 |
| 四、基本预备费 | | | 元 | 64307 | 7.41 |
| **建筑安装工程费** | | | | | |
| 直接费 | 人工费 | 人工 | 工日 | 3914 | — |
| | | 措施费分摊 | 元 | 1960 | — |
| | | **人工费小计** | 元 | 123424 | 14.22 |
| | 材料费 | 钢筋（综合） | t | 19.99 | — |
| | | 钢材 | t | 16.18 | — |
| | | 水泥 425 | t | 132.32 | — |
| | | 中粗砂 | m³ | 222.59 | — |
| | | 碎石 5~40mm | m³ | 232.31 | — |
| | | 预应力钢绞线 | t | 4.61 | — |
| | | 片石 | m³ | 26.01 | — |
| | | 其他材料费 | 元 | 20336 | — |
| | | 措施费分摊 | 元 | 21317 | — |
| | | **材料费小计** | 元 | 303610 | 34.97 |
| | 机械费 | 机械费 | 元 | 153125 | — |
| | | 措施费分摊 | 元 | 1225 | — |
| | | **机械费小计** | 元 | 154350 | 17.78 |
| | **直接费小计** | | 元 | 581384 | 66.97 |
| 综合费用 | | | 元 | 133137 | 15.34 |
| **合计** | | | 元 | 714521 | — |

**工程内容：**基础及下部构造、上部构造、桥面系工程及桥头护岸等。

单位：$100m^2$

| 指标编号 | | | | 2Z-033 | |
|---|---|---|---|---|---|
| 项目 | | | 单位 | 单孔跨径≤120m 墩高≤20m | |
| | | | | 水深>10m | 占指标基价（%） |
| 指标基价 | | | 元 | 1065635 | 100.00 |
| 一、建筑安装工程费 | | | 元 | 877066 | 82.30 |
| 二、设备购置费 | | | 元 | — | — |
| 三、工程建设其他费用 | | | 元 | 109633 | 10.29 |
| 四、基本预备费 | | | 元 | 78936 | 7.41 |
| **建筑安装工程费** | | | | | |
| 直接费 | 人工费 | 人工 | 工日 | 4560 | — |
| | | 措施费分摊 | 元 | 2406 | — |
| | | **人工费小计** | 元 | 143903 | 13.50 |
| | 材料费 | 钢筋（综合） | t | 23.71 | — |
| | | 钢材 | t | 23.25 | — |
| | | 水泥 425 | t | 145.25 | — |
| | | 中粗砂 | $m^3$ | 221.68 | — |
| | | 碎石 5~40mm | $m^3$ | 254.52 | — |
| | | 预应力钢绞线 | t | 4.61 | — |
| | | 片石 | $m^3$ | 25.40 | — |
| | | 其他材料费 | 元 | 9060 | — |
| | | 措施费分摊 | 元 | 26167 | — |
| | | **材料费小计** | 元 | 354945 | 33.31 |
| | 机械费 | 机械费 | 元 | 213290 | — |
| | | 措施费分摊 | 元 | 1504 | — |
| | | **机械费小计** | 元 | 214794 | 20.16 |
| | **直接费小计** | | 元 | 713642 | 66.97 |
| 综合费用 | | | 元 | 163424 | 15.34 |
| **合 计** | | | 元 | 877066 | — |

**工程内容：**基础及下部构造、上部构造、桥面系工程及桥头护岸等。

单位：100m²

| 指 标 编 号 | | | | 2Z-034 | |
|---|---|---|---|---|---|
| 项 目 | | | 单位 | 单孔跨径≤120m 墩高＞20m | |
| | | | | 水深＜5m | 占指标基价（%） |
| 指 标 基 价 | | | 元 | 769776 | 100.00 |
| 一、建筑安装工程费 | | | 元 | 633561 | 82.30 |
| 二、设备购置费 | | | 元 | — | — |
| 三、工程建设其他费用 | | | 元 | 79195 | 10.29 |
| 四、基本预备费 | | | 元 | 57020 | 7.41 |
| **建筑安装工程费** | | | | | |
| 直接费 | 人工费 | 人工 | 工日 | 2970 | — |
| | | 措施费分摊 | 元 | 1738 | — |
| | | **人工费小计** | 元 | 93897 | 12.20 |
| | 材料费 | 钢筋（综合） | t | 19.27 | — |
| | | 钢材 | t | 9.91 | — |
| | | 水泥 425 | t | 138.92 | — |
| | | 中粗砂 | $m^3$ | 249.96 | — |
| | | 碎石 5~40mm | $m^3$ | 288.72 | — |
| | | 预应力钢绞线 | t | 4.61 | — |
| | | 片石 | $m^3$ | 24.96 | — |
| | | 其他材料费 | 元 | 14197 | — |
| | | 措施费分摊 | 元 | 18902 | — |
| | | **材料费小计** | 元 | 264591 | 34.37 |
| | 机械费 | 机械费 | 元 | 155934 | — |
| | | 措施费分摊 | 元 | 1086 | — |
| | | **机械费小计** | 元 | 157020 | 20.40 |
| | **直接费小计** | | 元 | 515509 | 66.97 |
| 综合费用 | | | 元 | 118052 | 15.34 |
| **合 计** | | | 元 | 633561 | — |

**工程内容：**基础及下部构造、上部构造、桥面系工程及桥头护岸等。

单位：100m²

| 指标编号 | | | | 2Z-035 | |
|---|---|---|---|---|---|
| 项目 | | | 单位 | 单孔跨径≤120m 墩高＞20m | |
| | | | | 水深＜10m | 占指标基价（%） |
| 指标基价 | | | 元 | 934888 | 100.00 |
| 一、建筑安装工程费 | | | 元 | 769455 | 82.30 |
| 二、设备购置费 | | | 元 | — | — |
| 三、工程建设其他费用 | | | 元 | 96182 | 10.29 |
| 四、基本预备费 | | | 元 | 69251 | 7.41 |
| **建筑安装工程费** | | | | | |
| 直接费 | 人工费 | 人工 | 工日 | 4122 | — |
| | | 措施费分摊 | 元 | 2111 | — |
| | | **人工费小计** | 元 | 130017 | 13.91 |
| | 材料费 | 钢筋（综合） | t | 20.56 | — |
| | | 钢材 | t | 15.00 | — |
| | | 水泥 425 | t | 149.44 | — |
| | | 中粗砂 | $m^3$ | 256.43 | — |
| | | 碎石 5~40mm | $m^3$ | 289.46 | — |
| | | 预应力钢绞线 | t | 4.61 | — |
| | | 片石 | $m^3$ | 22.06 | — |
| | | 其他材料费 | 元 | 16238 | — |
| | | 措施费分摊 | 元 | 22956 | — |
| | | **材料费小计** | 元 | 306831 | 32.82 |
| | 机械费 | 机械费 | 元 | 187916 | — |
| | | 措施费分摊 | 元 | 1319 | — |
| | | **机械费小计** | 元 | 189235 | 20.24 |
| | **直接费小计** | | 元 | 626083 | 66.97 |
| 综合费用 | | | 元 | 143373 | 15.34 |
| **合计** | | | 元 | 769455 | — |

**工程内容：**基础及下部构造、上部构造、桥面系工程及桥头护岸等。

单位：100m²

| 指标编号 | | | | 2Z-036 | |
|---|---|---|---|---|---|
| 项目 | | | 单位 | 单孔跨径≤120m 墩高＞20m | |
| | | | | 水深＞10m | 占指标基价（%） |
| 指标基价 | | | 元 | 1158388 | 100.00 |
| 一、建筑安装工程费 | | | 元 | 953406 | 82.30 |
| 二、设备购置费 | | | 元 | — | — |
| 三、工程建设其他费用 | | | 元 | 119176 | 10.29 |
| 四、基本预备费 | | | 元 | 85807 | 7.41 |
| **建筑安装工程费** | | | | | |
| 直接费 | 人工费 | 人工 | 工日 | 4699 | — |
| | | 措施费分摊 | 元 | 2616 | — |
| | | **人工费小计** | 元 | 148426 | 12.81 |
| | 材料费 | 钢筋（综合） | t | 25.46 | — |
| | | 钢材 | t | 23.34 | — |
| | | 水泥 425 | t | 161.82 | — |
| | | 中粗砂 | m³ | 252.69 | — |
| | | 碎石 5~40mm | m³ | 287.55 | — |
| | | 预应力钢绞线 | t | 4.61 | — |
| | | 片石 | m³ | 21.44 | — |
| | | 其他材料费 | 元 | 13773 | — |
| | | 措施费分摊 | 元 | 28444 | — |
| | | **材料费小计** | 元 | 377087 | 32.55 |
| | 机械费 | 机械费 | 元 | 248610 | — |
| | | 措施费分摊 | 元 | 1635 | — |
| | | **机械费小计** | 元 | 250245 | 21.60 |
| | **直接费小计** | | 元 | 775757 | 66.97 |
| 综合费用 | | | 元 | 177648 | 15.34 |
| **合　计** | | | 元 | 953406 | — |

**工程内容：**基础及下部构造、上部构造、桥面系工程及桥头护岸等。

单位：100m²

| 指标编号 | | | | 2Z-037 | |
|---|---|---|---|---|---|
| 项目 | | | 单位 | 单孔跨径 120~200m 墩高＞20m | |
| | | | | 水深＜5m | 占指标基价（%） |
| 指标基价 | | | 元 | 878030 | 100.00 |
| 一、建筑安装工程费 | | | 元 | 722659 | 82.30 |
| 二、设备购置费 | | | 元 | — | — |
| 三、工程建设其他费用 | | | 元 | 90332 | 10.29 |
| 四、基本预备费 | | | 元 | 65039 | 7.41 |
| **建筑安装工程费** | | | | | |
| 直接费 | 人工费 | 人工 | 工日 | 3094 | — |
| | | 措施费分摊 | 元 | 1983 | — |
| | | **人工费小计** | 元 | 97989 | 11.16 |
| | 材料费 | 钢筋（综合） | t | 19.58 | — |
| | | 钢材 | t | 10.67 | — |
| | | 水泥 425 | t | 160.57 | — |
| | | 中粗砂 | $m^3$ | 242.92 | — |
| | | 碎石 5~40mm | $m^3$ | 319.57 | — |
| | | 预应力钢绞线 | t | 6.16 | — |
| | | 片石 | $m^3$ | 18.63 | — |
| | | 其他材料费 | 元 | 20382 | — |
| | | 措施费分摊 | 元 | 21560 | — |
| | | **材料费小计** | 元 | 296498 | 33.77 |
| | 机械费 | 机械费 | 元 | 192279 | — |
| | | 措施费分摊 | 元 | 1239 | — |
| | | **机械费小计** | 元 | 193518 | 22.04 |
| | **直接费小计** | | 元 | 588005 | 66.97 |
| 综合费用 | | | 元 | 134653 | 15.34 |
| 合计 | | | 元 | 722659 | — |

**工程内容**：基础及下部构造、上部构造、桥面系工程及桥头护岸等。

单位：100m²

| 指标编号 | | | | 2Z-038 | |
|---|---|---|---|---|---|
| 项目 | | | 单位 | 单孔跨径 120~200m 墩高＞20m | |
| | | | | 水深<10m | 占指标基价（%） |
| 指标基价 | | | 元 | 1025284 | 100.00 |
| 一、建筑安装工程费 | | | 元 | 843855 | 82.30 |
| 二、设备购置费 | | | 元 | — | — |
| 三、工程建设其他费用 | | | 元 | 105482 | 10.29 |
| 四、基本预备费 | | | 元 | 75947 | 7.41 |
| **建筑安装工程费** | | | | | |
| 直接费 | 人工费 | 人工 | 工日 | 4246 | — |
| | | 措施费分摊 | 元 | 2315 | — |
| | | **人工费小计** | 元 | 134056 | 13.08 |
| | 材料费 | 钢筋（综合） | t | 20.00 | — |
| | | 钢材 | t | 15.74 | — |
| | | 水泥 425 | t | 164.67 | — |
| | | 中粗砂 | m³ | 238.77 | — |
| | | 碎石 5~40mm | m³ | 308.87 | — |
| | | 预应力钢绞线 | t | 6.16 | — |
| | | 片石 | m³ | 15.73 | — |
| | | 其他材料费 | 元 | 16707 | — |
| | | 措施费分摊 | 元 | 25176 | — |
| | | **材料费小计** | 元 | 326021 | 31.80 |
| | 机械费 | 机械费 | 元 | 225095 | — |
| | | 措施费分摊 | 元 | 1447 | — |
| | | **机械费小计** | 元 | 226542 | 22.10 |
| | **直接费小计** | | 元 | 686619 | 66.97 |
| 综合费用 | | | 元 | 157236 | 15.34 |
| **合计** | | | 元 | 843855 | — |

**工程内容：**基础及下部构造、上部构造、桥面系工程及桥头护岸等。

单位：100m$^2$

| 指标编号 | | | | 2Z-039 | |
|---|---|---|---|---|---|
| 项目 | | | 单位 | 单孔跨径 120~200m 墩高＞20m | |
| | | | | 水深>10m | 占指标基价（%） |
| 指标基价 | | | 元 | 1248667 | 100.00 |
| 一、建筑安装工程费 | | | 元 | 1027710 | 82.30 |
| 二、设备购置费 | | | 元 | — | — |
| 三、工程建设其他费用 | | | 元 | 128464 | 10.29 |
| 四、基本预备费 | | | 元 | 92494 | 7.41 |
| 建筑安装工程费 | | | | | |
| 直接费 | 人工费 | 人工 | 工日 | 4780 | — |
| | | 措施费分摊 | 元 | 2819 | — |
| | | **人工费小计** | 元 | 151143 | 12.10 |
| | 材料费 | 钢筋（综合） | t | 25.72 | — |
| | | 钢材 | t | 24.08 | — |
| | | 水泥 425 | t | 173.61 | — |
| | | 中粗砂 | m$^3$ | 233.19 | — |
| | | 碎石 5~40mm | m$^3$ | 300.98 | — |
| | | 预应力钢绞线 | t | 6.16 | — |
| | | 片石 | m$^3$ | 15.11 | — |
| | | 其他材料费 | 元 | 16390 | — |
| | | 措施费分摊 | 元 | 30661 | — |
| | | **材料费小计** | 元 | 399706 | 32.01 |
| | 机械费 | 机械费 | 元 | 283605 | — |
| | | 措施费分摊 | 元 | 1762 | — |
| | | **机械费小计** | 元 | 285367 | 22.85 |
| | **直接费小计** | | 元 | 836216 | 66.97 |
| 综合费用 | | | 元 | 191494 | 15.34 |
| **合　计** | | | 元 | 1027710 | — |

**工程内容：**基础及下部构造、上部构造、桥面系工程及桥头护岸等。

单位：100m$^2$

| 指标编号 | | | | 2Z-040 | |
|---|---|---|---|---|---|
| 项目 | | | 单位 | 单孔跨径＞200m 墩高＞20m | |
| | | | | 水深<5m | 占指标基价（%） |
| 指标基价 | | | 元 | 990352 | 100.00 |
| 一、建筑安装工程费 | | | 元 | 815105 | 82.30 |
| 二、设备购置费 | | | 元 | — | — |
| 三、工程建设其他费用 | | | 元 | 101888 | 10.29 |
| 四、基本预备费 | | | 元 | 73359 | 7.41 |
| **建筑安装工程费** | | | | | |
| 直接费 | 人工费 | 人工 | 工日 | 3403 | — |
| | | 措施费分摊 | 元 | 2236 | — |
| | | **人工费小计** | 元 | 107844 | 10.89 |
| | 材料费 | 钢筋（综合） | t | 21.54 | — |
| | | 钢材 | t | 11.74 | — |
| | | 水泥 425 | t | 176.62 | — |
| | | 中粗砂 | m$^3$ | 267.22 | — |
| | | 碎石 5~40mm | m$^3$ | 351.53 | — |
| | | 预应力钢绞线 | t | 6.78 | — |
| | | 片石 | m$^3$ | 18.63 | — |
| | | 其他材料费 | 元 | 19153 | — |
| | | 措施费分摊 | 元 | 24318 | — |
| | | **材料费小计** | 元 | 323250 | 32.64 |
| | 机械费 | 机械费 | 元 | 230735 | — |
| | | 措施费分摊 | 元 | 1398 | — |
| | | **机械费小计** | 元 | 232132 | 23.44 |
| | **直接费小计** | | 元 | 663226 | 66.97 |
| 综合费用 | | | 元 | 151879 | 15.34 |
| **合计** | | | 元 | 815105 | — |

**工程内容：**基础及下部构造、上部构造、桥面系工程及桥头护岸等。

单位：100m²

| 指标编号 | | | | 2Z-041 | |
|---|---|---|---|---|---|
| 项目 | | | 单位 | 单孔跨径＞200m　墩高＞20m | |
| | | | | 水深<10m | 占指标基价（%） |
| 指标基价 | | | 元 | 1128435 | 100.00 |
| 一、建筑安装工程费 | | | 元 | 928753 | 82.30 |
| 二、设备购置费 | | | 元 | — | — |
| 三、工程建设其他费用 | | | 元 | 116094 | 10.29 |
| 四、基本预备费 | | | 元 | 83588 | 7.41 |
| **建筑安装工程费** | | | | | |
| 直接费 | 人工费 | 人工 | 工日 | 4670 | — |
| | | 措施费分摊 | 元 | 2548 | — |
| | | **人工费小计** | 元 | 147463 | 13.07 |
| | 材料费 | 钢筋（综合） | t | 22.00 | — |
| | | 钢材 | t | 17.31 | — |
| | | 水泥 425 | t | 181.14 | — |
| | | 中粗砂 | m³ | 262.64 | — |
| | | 碎石 5~40mm | m³ | 339.76 | — |
| | | 预应力钢绞线 | t | 6.78 | — |
| | | 片石 | m³ | 15.73 | — |
| | | 其他材料费 | 元 | 19010 | — |
| | | 措施费分摊 | 元 | 27709 | — |
| | | **材料费小计** | 元 | 359039 | 31.82 |
| | 机械费 | 机械费 | 元 | 247605 | — |
| | | 措施费分摊 | 元 | 1592 | — |
| | | **机械费小计** | 元 | 249197 | 22.08 |
| | **直接费小计** | | 元 | 755698 | 66.97 |
| 综合费用 | | | 元 | 173055 | 15.34 |
| **合　计** | | | 元 | 928753 | — |

**工程内容：**基础及下部构造、上部构造、桥面系工程及桥头护岸等。

单位：100m²

| 指标编号 | | | | 2Z-042 | |
|---|---|---|---|---|---|
| 项目 | | | 单位 | 单孔跨径＞200m 墩高＞20m | |
| | | | | 水深>10m | 占指标基价（%） |
| 指标基价 | | | 元 | 1373066 | 100.00 |
| 一、建筑安装工程费 | | | 元 | 1130096 | 82.30 |
| 二、设备购置费 | | | 元 | — | — |
| 三、工程建设其他费用 | | | 元 | 141262 | 10.29 |
| 四、基本预备费 | | | 元 | 101709 | 7.41 |
| **建筑安装工程费** | | | | | |
| 直接费 | 人工费 | 人工 | 工日 | 5258 | — |
| | | 措施费分摊 | 元 | 3100 | — |
| | | **人工费小计** | 元 | 166256 | 12.11 |
| | 材料费 | 钢筋（综合） | t | 28.29 | — |
| | | 钢材 | t | 26.49 | — |
| | | 水泥 425 | t | 190.97 | — |
| | | 中粗砂 | $m^3$ | 256.51 | — |
| | | 碎石 5~40mm | $m^3$ | 331.08 | — |
| | | 预应力钢绞线 | t | 6.78 | — |
| | | 片石 | $m^3$ | 15.11 | — |
| | | 其他材料费 | 元 | 17927 | — |
| | | 措施费分摊 | 元 | 33716 | — |
| | | **材料费小计** | 元 | 439365 | 32.00 |
| | 机械费 | 机械费 | 元 | 311966 | — |
| | | 措施费分摊 | 元 | 1938 | — |
| | | **机械费小计** | 元 | 313903 | 22.86 |
| | **直接费小计** | | 元 | 919525 | 66.97 |
| 综合费用 | | | 元 | 210571 | 15.34 |
| **合计** | | | 元 | 1130096 | — |

# 1.9 预应力钢筋混凝土斜拉桥

**工程内容：**基础及下部构造、上部构造、桥面系工程及桥头护岸等。

单位：100m²

| 指标编号 | | | | 2Z-043 | |
|---|---|---|---|---|---|
| 项目 | | | 单位 | 单孔跨径≤200m | |
| | | | | 水深<5m | 占指标基价（%） |
| 指标基价 | | | 元 | 774014 | 100.00 |
| 一、建筑安装工程费 | | | 元 | 637048 | 82.30 |
| 二、设备购置费 | | | 元 | — | — |
| 三、工程建设其他费用 | | | 元 | 79631 | 10.29 |
| 四、基本预备费 | | | 元 | 57334 | 7.41 |
| 建筑安装工程费 | | | | | |
| 直接费 | 人工费 | 人工 | 工日 | 3032 | — |
| | | 措施费分摊 | 元 | 1748 | — |
| | | **人工费小计** | 元 | 95831 | 12.38 |
| | 材料费 | 钢筋（综合） | t | 23.19 | — |
| | | 钢材 | t | 10.06 | — |
| | | 水泥 425 | t | 150.42 | — |
| | | 中粗砂 | $m^3$ | 261.39 | — |
| | | 碎石 5~40mm | $m^3$ | 322.83 | — |
| | | 预应力钢绞线 | t | 5.54 | — |
| | | 片石 | $m^3$ | 26.01 | — |
| | | 其他材料费 | 元 | 10304 | — |
| | | 措施费分摊 | 元 | 19006 | — |
| | | **材料费小计** | 元 | 287992 | 37.21 |
| | 机械费 | 机械费 | 元 | 133432 | — |
| | | 措施费分摊 | 元 | 1092 | — |
| | | **机械费小计** | 元 | 134524 | 17.38 |
| | **直接费小计** | | 元 | 518347 | 66.97 |
| 综合费用 | | | 元 | 118701 | 15.34 |
| **合　计** | | | 元 | 637048 | — |

**工程内容：**基础及下部构造、上部构造、桥面系工程及桥头护岸等。

单位：100m²

| 指标编号 | | | | 2Z-044 | |
|---|---|---|---|---|---|
| 项目 | | | 单位 | 单孔跨径≤200m | |
| | | | | 水深<10m | 占指标基价（%） |
| 指标基价 | | | 元 | 945834 | 100.00 |
| 一、建筑安装工程费 | | | 元 | 778465 | 82.30 |
| 二、设备购置费 | | | 元 | — | — |
| 三、工程建设其他费用 | | | 元 | 97308 | 10.29 |
| 四、基本预备费 | | | 元 | 70062 | 7.41 |
| **建筑安装工程费** | | | | | |
| 直接费 | 人工费 | 人工 | 工日 | 4207 | — |
| | | 措施费分摊 | 元 | 2136 | — |
| | | **人工费小计** | 元 | 132685 | 14.03 |
| | 材料费 | 钢筋（综合） | t | 24.27 | — |
| | | 钢材 | t | 15.12 | — |
| | | 水泥 425 | t | 156.00 | — |
| | | 中粗砂 | $m^3$ | 256.49 | — |
| | | 碎石 5~40mm | $m^3$ | 308.09 | — |
| | | 预应力钢绞线 | t | 5.54 | — |
| | | 片石 | $m^3$ | 54.22 | — |
| | | 其他材料费 | 元 | 11206 | — |
| | | 措施费分摊 | 元 | 23225 | — |
| | | **材料费小计** | 元 | 329903 | 34.88 |
| | 机械费 | 机械费 | 元 | 169490 | — |
| | | 措施费分摊 | 元 | 1335 | — |
| | | **机械费小计** | 元 | 170825 | 18.06 |
| | **直接费小计** | | 元 | 633413 | 66.97 |
| 综合费用 | | | 元 | 145052 | 15.34 |
| **合计** | | | 元 | 778465 | — |

**工程内容：**基础及下部构造、上部构造、桥面系工程及桥头护岸等。

单位：$100m^2$

| 指标编号 | | | | 2Z-045 | |
|---|---|---|---|---|---|
| 项目 | | | 单位 | 单孔跨径≤200m | |
| | | | | 千处 | 占指标基价（%） |
| 指标基价 | | | 元 | 705063 | 100.00 |
| 一、建筑安装工程费 | | | 元 | 580299 | 82.30 |
| 二、设备购置费 | | | 元 | — | — |
| 三、工程建设其他费用 | | | 元 | 72537 | 10.29 |
| 四、基本预备费 | | | 元 | 52227 | 7.41 |
| **建筑安装工程费** | | | | | |
| 直接费 | 人工费 | 人工 | 工日 | 2281 | — |
| | | 措施费分摊 | 元 | 1592 | — |
| | | **人工费小计** | 元 | 72371 | 10.26 |
| | 材料费 | 钢筋（综合） | t | 22.53 | — |
| | | 钢材 | t | 5.66 | — |
| | | 水泥 425 | t | 143.75 | — |
| | | 中粗砂 | $m^3$ | 254.14 | — |
| | | 碎石 5~40mm | $m^3$ | 281.78 | — |
| | | 预应力钢绞线 | t | 5.54 | — |
| | | 片石 | $m^3$ | 23.20 | — |
| | | 其他材料费 | 元 | 42047 | — |
| | | 措施费分摊 | 元 | 17313 | — |
| | | **材料费小计** | 元 | 286072 | 40.57 |
| | 机械费 | 机械费 | 元 | 112733 | — |
| | | 措施费分摊 | 元 | 995 | — |
| | | **机械费小计** | 元 | 113728 | 16.13 |
| | **直接费小计** | | 元 | 472171 | 66.97 |
| 综合费用 | | | 元 | 108127 | 15.34 |
| **合计** | | | 元 | 580299 | — |

**工程内容：**基础及下部构造、上部构造、桥面系工程及桥头护岸等。

单位：100m²

| 指标编号 | | | | 2Z-046 | |
|---|---|---|---|---|---|
| 项目 | | | 单位 | 单孔跨径＞200m | |
| | | | | 水深<5m | 占指标基价（%） |
| 指标基价 | | | 元 | 990986 | 100.00 |
| 一、建筑安装工程费 | | | 元 | 815626 | 82.30 |
| 二、设备购置费 | | | 元 | — | — |
| 三、工程建设其他费用 | | | 元 | 101953 | 10.29 |
| 四、基本预备费 | | | 元 | 73406 | 7.41 |
| **建筑安装工程费** | | | | | |
| 直接费 | 人工费 | 人工 | 工日 | 3638 | — |
| | | 措施费分摊 | 元 | 2238 | — |
| | | **人工费小计** | 元 | 115137 | 11.62 |
| | 材料费 | 钢筋（综合） | t | 34.79 | — |
| | | 钢材 | t | 12.07 | — |
| | | 水泥 425 | t | 180.50 | — |
| | | 中粗砂 | m³ | 313.67 | — |
| | | 碎石 5~40mm | m³ | 387.40 | — |
| | | 预应力钢绞线 | t | 8.31 | — |
| | | 片石 | m³ | 26.01 | — |
| | | 其他材料费 | 元 | 24605 | — |
| | | 措施费分摊 | 元 | 24334 | — |
| | | **材料费小计** | 元 | 393668 | 39.72 |
| | 机械费 | 机械费 | 元 | 153447 | — |
| | | 措施费分摊 | 元 | 1399 | — |
| | | **机械费小计** | 元 | 154845 | 15.63 |
| | **直接费小计** | | 元 | 663650 | 66.97 |
| 综合费用 | | | 元 | 151976 | 15.34 |
| **合　计** | | | 元 | 815626 | — |

**工程内容：**基础及下部构造、上部构造、桥面系工程及桥头护岸等。

单位：100m²

| 指标编号 | | | | 2Z-047 | |
|---|---|---|---|---|---|
| 项目 | | | 单位 | 单孔跨径＞200m | |
| | | | | 水深<10m | 占指标基价（%） |
| 指标基价 | | | 元 | 1190331 | 100.00 |
| 一、建筑安装工程费 | | | 元 | 979696 | 82.30 |
| 二、设备购置费 | | | 元 | — | — |
| 三、工程建设其他费用 | | | 元 | 122462 | 10.29 |
| 四、基本预备费 | | | 元 | 88173 | 7.41 |
| **建筑安装工程费** | | | | | |
| 直接费 | 人工费 | 人工 | 工日 | 5049 | — |
| | | 措施费分摊 | 元 | 2688 | — |
| | | **人工费小计** | 元 | 159347 | 13.39 |
| | 材料费 | 钢筋（综合） | t | 40.05 | — |
| | | 钢材 | t | 15.12 | — |
| | | 水泥 425 | t | 187.20 | — |
| | | 中粗砂 | m³ | 307.78 | — |
| | | 碎石 5~40mm | m³ | 369.70 | — |
| | | 预应力钢绞线 | t | 8.31 | — |
| | | 片石 | m³ | 54.22 | — |
| | | 其他材料费 | 元 | 26498 | — |
| | | 措施费分摊 | 元 | 29229 | — |
| | | **材料费小计** | 元 | 441208 | 37.07 |
| | 机械费 | 机械费 | 元 | 194914 | — |
| | | 措施费分摊 | 元 | 1680 | — |
| | | **机械费小计** | 元 | 196593 | 16.52 |
| | **直接费小计** | | 元 | 797149 | 66.97 |
| 综合费用 | | | 元 | 182547 | 15.34 |
| **合　计** | | | 元 | 979696 | — |

**工程内容：**基础及下部构造、上部构造、桥面系工程及桥头护岸等。

单位：100m²

| 指标编号 | | | | 2Z-048 | |
|---|---|---|---|---|---|
| 项目 | | | 单位 | 单孔跨径＞200m | |
| | | | | 千处 | 占指标基价（%） |
| 指标基价 | | | 元 | 958125 | 100.00 |
| 一、建筑安装工程费 | | | 元 | 788580 | 82.30 |
| 二、设备购置费 | | | 元 | — | — |
| 三、工程建设其他费用 | | | 元 | 98573 | 10.29 |
| 四、基本预备费 | | | 元 | 70972 | 7.41 |
| **建筑安装工程费** | | | | | |
| 直接费 | 人工费 | 人工 | 工日 | 2737 | — |
| | | 措施费分摊 | 元 | 2163 | — |
| | | **人工费小计** | 元 | 87099 | 9.09 |
| | 材料费 | 钢筋（综合） | t | 45.06 | — |
| | | 钢材 | t | 5.66 | — |
| | | 水泥 425 | t | 172.50 | — |
| | | 中粗砂 | $m^3$ | 304.97 | — |
| | | 碎石 5~40mm | $m^3$ | 338.14 | — |
| | | 预应力钢绞线 | t | 8.31 | — |
| | | 片石 | $m^3$ | 23.20 | — |
| | | 其他材料费 | 元 | 83518 | — |
| | | 措施费分摊 | 元 | 23527 | — |
| | | **材料费小计** | 元 | 446550 | 46.61 |
| | 机械费 | 机械费 | 元 | 106643 | — |
| | | 措施费分摊 | 元 | 1352 | — |
| | | **机械费小计** | 元 | 107995 | 11.27 |
| | **直接费小计** | | 元 | 641644 | 66.97 |
| 综合费用 | | | 元 | 146936 | 15.34 |
| **合　计** | | | 元 | 788580 | — |

# 1.10 人 行 天 桥

**工程内容：**基础及下部构造、上部构造、桥面系工程等。

单位：100m²

| 指 标 编 号 | | | | 2Z-049 | |
|---|---|---|---|---|---|
| 项 目 | | | 单位 | 混凝土天桥 | 占指标基价（%） |
| 指 标 基 价 | | | 元 | 455136 | 100.00 |
| 一、建筑安装工程费 | | | 元 | 374597 | 82.30 |
| 二、设备购置费 | | | 元 | — | — |
| 三、工程建设其他费用 | | | 元 | 46825 | 10.29 |
| 四、基本预备费 | | | 元 | 33714 | 7.41 |
| **建筑安装工程费** | | | | | |
| 直接费 | 人工费 | 人工 | 工日 | 2822 | — |
| | | 措施费分摊 | 元 | 1028 | — |
| | | **人工费小计** | 元 | 88607 | 19.47 |
| | 材料费 | 钢筋（综合） | t | 11.64 | — |
| | | 钢材 | t | 0.77 | — |
| | | 水泥 425 | t | 90.00 | — |
| | | 中粗砂 | $m^3$ | 121.98 | — |
| | | 碎石 5~40mm | $m^3$ | 224.06 | — |
| | | 预应力钢绞线 | t | 2.09 | — |
| | | 其他材料费 | 元 | 19111 | — |
| | | 措施费分摊 | 元 | 11176 | — |
| | | **材料费小计** | 元 | 138556 | 30.44 |
| | 机械费 | 机械费 | 元 | 76994 | — |
| | | 措施费分摊 | 元 | 642 | — |
| | | **机械费小计** | 元 | 77636 | 17.06 |
| | **直接费小计** | | 元 | 304799 | 66.97 |
| 综合费用 | | | 元 | 69799 | 15.34 |
| **合 计** | | | 元 | 374597 | — |

**工程内容：**基础及下部构造、上部构造、桥面系工程等。

单位：100m²

| 指标编号 | | | | 2Z-050 | |
|---|---|---|---|---|---|
| 项目 | | | 单位 | 钢天桥 | 占指标基价（%） |
| 指标基价 | | | 元 | 662724 | 100.00 |
| 一、建筑安装工程费 | | | 元 | 545452 | 82.30 |
| 二、设备购置费 | | | 元 | — | — |
| 三、工程建设其他费用 | | | 元 | 68182 | 10.29 |
| 四、基本预备费 | | | 元 | 49091 | 7.41 |
| **建筑安装工程费** | | | | | |
| 直接费 | 人工费 | 人工 | 工日 | 5049 | — |
| | | 措施费分摊 | 元 | 1496 | — |
| | | **人工费小计** | 元 | 158156 | 23.86 |
| | 材料费 | 钢筋（综合） | t | 6.25 | — |
| | | 钢材 | t | 17.39 | — |
| | | 钢结构 | t | 24.01 | — |
| | | 水泥 425 | t | 17.60 | — |
| | | 中粗砂 | $m^3$ | 22.88 | — |
| | | 碎石 5~40mm | $m^3$ | 44.50 | — |
| | | 其他材料费 | 元 | 15915 | — |
| | | 措施费分摊 | 元 | 16273 | — |
| | | **材料费小计** | 元 | 159727 | 24.10 |
| | 机械费 | 机械费 | 元 | 125000 | — |
| | | 措施费分摊 | 元 | 935 | — |
| | | **机械费小计** | 元 | 125935 | 19.00 |
| | **直接费小计** | | 元 | 443818 | 66.97 |
| 综合费用 | | | 元 | 101634 | 15.34 |
| **合计** | | | 元 | 545452 | — |

# 2　桥梁工程分项指标

# 说　　明

一、本章分项指标反映桥梁工程不同部位如基础工程、下部工程、上部工程及桥面系工程的分项投资指标。

二、分项指标包括基础工程、下部工程、上部工程及桥面系工程等内容。

三、分项指标中有关数据：

1．明挖基础：

（1）挖土土方按三类土计算（未计冻土与爆破开挖）。

（2）采用挖掘机挖、自卸汽车运土包干。

2. 钻孔灌注桩：根据干处、水中并结合水深综合考虑钢护筒的费用。

3．承台围堰：根据水深综合草包围堰及钢围堰费用。

4．混凝土模板：按《全国统一市政工程预算定额》第三册附录一中“混凝土、钢筋混凝土构件模板含量”表计算。

5．现浇箱梁支架：支架高度平均按 10m 计算。

四、工程量计算规则：

1．明挖基础：按基坑容积计算。

2. 桩基础：钢筋混凝土方桩、钻孔灌注桩按设计断面尺寸乘以长度以体积计算；PHC 管桩按设计尺寸以长度计算；钢管桩以重量计算。

3．现浇混凝土、预制混凝土工程数量为构筑物或预制构件的实际体积，不包括其中空心部分的体积，钢筋混凝土项目工程量不扣除钢筋所占体积。

4．桥面系以桥梁总长度乘以桥面全宽所得的面积进行计算。

5．若实际施工时的情况与本指标不同时，可按实际情况进行调整。

# 2.1 明挖基础

**工程内容：**基坑挖土、回填及排水，脚手架搭拆等。

单位：$1000m^3$

| 指标编号 | | | | 2F-001 | |
|---|---|---|---|---|---|
| 项目 | | | 单位 | 软土基 | |
| | | | | 干处 | 占指标基价（%） |
| 指标基价 | | | 元 | 28438 | 100.00 |
| 一、建筑安装工程费 | | | 元 | 28438 | 100.00 |
| 二、设备购置费 | | | 元 | — | — |
| **建筑安装工程费** | | | | | |
| 直接费 | 人工费 | 人工 | 工日 | 211 | — |
| | | 措施费分摊 | 元 | 78 | — |
| | | **人工费小计** | 元 | 6591 | 23.18 |
| | 材料费 | 措施费分摊 | 元 | 848 | — |
| | | **材料费小计** | 元 | 848 | 2.98 |
| | 机械费 | 抓铲挖掘机 | 台班 | 5.63 | — |
| | | 其他机械费 | 元 | 10323 | — |
| | | 措施费分摊 | 元 | 49 | — |
| | | **机械费小计** | 元 | 15699 | 55.21 |
| | **直接费小计** | | 元 | 23139 | 81.37 |
| 综合费用 | | | 元 | 5299 | 18.63 |
| 合计 | | | 元 | 28438 | — |

**工程内容：**基坑挖土、回填及排水，脚手架搭拆等。

单位：1000m³

| 指标编号 | | | | 2F-002 | |
|---|---|---|---|---|---|
| 项目 | | | 单位 | 软土基 | |
| | | | | 湿处 | 占指标基价（%） |
| 指标基价 | | | 元 | 86091 | 100.00 |
| 一、建筑安装工程费 | | | 元 | 86091 | 100.00 |
| 二、设备购置费 | | | 元 | — | — |
| 建筑安装工程费 | | | | | |
| 直接费 | 人工费 | 人工 | 工日 | 1475 | — |
| | | 措施费分摊 | 元 | 236 | — |
| | | **人工费小计** | 元 | 46001 | 53.43 |
| | 材料费 | 其他材料费 | 元 | 4711 | — |
| | | 措施费分摊 | 元 | 2569 | — |
| | | **材料费小计** | 元 | 7280 | 8.46 |
| | 机械费 | 抓铲挖掘机 | 台班 | 5.63 | — |
| | | 其他机械费 | 元 | 11325 | — |
| | | 措施费分摊 | 元 | 148 | — |
| | | **机械费小计** | 元 | 16770 | 19.48 |
| | **直接费小计** | | 元 | 70050 | 81.37 |
| 综合费用 | | | 元 | 16041 | 18.63 |
| **合计** | | | 元 | 86091 | — |

**工程内容：**基坑挖土、回填及排水，脚手架搭拆等。

单位：$1000m^3$

| 指标编号 | | | | 2F-003 | |
|---|---|---|---|---|---|
| 项目 | | | 单位 | 风化基岩 | |
| | | | | 干处 | 占指标基价（%） |
| 指标基价 | | | 元 | 84121 | 100.00 |
| 一、建筑安装工程费 | | | 元 | 84121 | 100.00 |
| 二、设备购置费 | | | 元 | — | — |
| 建筑安装工程费 | | | | | |
| 直接费 | 人工费 | 人工 | 工日 | 1580 | — |
| | | 措施费分摊 | 元 | 231 | — |
| | | **人工费小计** | 元 | 49258 | 58.56 |
| | 材料费 | 钢钎 | kg | 61.00 | — |
| | | 硝铵炸药 | kg | 333.70 | — |
| | | 煤 | t | 0.31 | — |
| | | 其他材料费 | 元 | 339 | — |
| | | 措施费分摊 | 元 | 2510 | — |
| | | **材料费小计** | 元 | 4623 | 5.50 |
| | 机械费 | 内燃空气压缩机 $9m^3/min$ 以内 | 台班 | 25.20 | — |
| | | 其他机械费 | 元 | 347 | — |
| | | 措施费分摊 | 元 | 145 | — |
| | | **机械费小计** | 元 | 14566 | 17.32 |
| | **直接费小计** | | 元 | 68447 | 81.37 |
| 综合费用 | | | 元 | 15674 | 18.63 |
| **合　计** | | | 元 | 84121 | — |

**工程内容**：基坑挖土、回填及排水，脚手架搭拆等。

单位：$1000m^3$

| 指标编号 | | | | 2F-004 | |
|---|---|---|---|---|---|
| 项目 | | | 单位 | 风化基岩 | |
| | | | | 湿处 | 占指标基价（%） |
| 指标基价 | | | 元 | 112071 | 100.00 |
| 一、建筑安装工程费 | | | 元 | 112071 | 100.00 |
| 二、设备购置费 | | | 元 | — | — |
| **建筑安装工程费** | | | | | |
| 直接费 | 人工费 | 人工 | 工日 | 2175 | — |
| | | 措施费分摊 | 元 | 307 | — |
| | | **人工费小计** | 元 | 67787 | 60.49 |
| | 材料费 | 钢钎 | kg | 61.00 | — |
| | | 硝铵炸药 | kg | 333.70 | — |
| | | 煤 | t | 0.31 | — |
| | | 其他材料费 | 元 | 481 | — |
| | | 措施费分摊 | 元 | 3344 | — |
| | | **材料费小计** | 元 | 5600 | 5.00 |
| | 机械费 | 内燃空气压缩机 $9m^3/min$ 以内 | 台班 | 25.20 | — |
| | | 其他机械费 | 元 | 486 | — |
| | | 措施费分摊 | 元 | 192 | — |
| | | **机械费小计** | 元 | 17802 | 15.88 |
| | **直接费小计** | | 元 | 91189 | 81.37 |
| 综合费用 | | | 元 | 20882 | 18.63 |
| **合　计** | | | 元 | 112071 | — |

## 2.2 钢筋混凝土方桩基础

**工程内容：**打桩机架及工作台搭拆，钢筋混凝土桩的预制、运输、打桩、接桩等

单位：$10m^3$

| 指标编号 | | | | 2F-005 | |
|---|---|---|---|---|---|
| 项目 | | | 单位 | 钢筋混凝土方桩基础 | 占指标基价（%） |
| 指标基价 | | | 元 | 19438 | 100.00 |
| 一、建筑安装工程费 | | | 元 | 19438 | 100.00 |
| 二、设备购置费 | | | 元 | — | — |
| **建筑安装工程费** | | | | | |
| 直接费 | 人工费 | 人工 | 工日 | 10 | — |
| | | 措施费分摊 | 元 | 53 | — |
| | | **人工费小计** | 元 | 362 | 1.86 |
| | 材料费 | 预制钢筋混凝土方桩 | $m^3$ | 10.15 | — |
| | | 其他材料费 | 元 | 22 | — |
| | | 措施费分摊 | 元 | 580 | — |
| | | **材料费小计** | 元 | 13485 | 69.37 |
| | 机械费 | 履带式柴油打桩机 5t | 台班 | 0.67 | — |
| | | 履带式起重机 15t | 台班 | 0.52 | — |
| | | 其他机械费 | 元 | 214 | — |
| | | 措施费分摊 | 元 | 33 | — |
| | | **机械费小计** | 元 | 1969 | 10.13 |
| | **直接费小计** | | 元 | 15816 | 81.37 |
| 综合费用 | | | 元 | 3622 | 18.63 |
| **合计** | | | 元 | 19438 | — |

# 2.3 PHC 桩基础

**工程内容：**打桩机架及工作台搭拆，PHC 桩的预制、运输、打桩、接桩等。

单位：10m

| 指 标 编 号 | | | | 2F-006 | |
|---|---|---|---|---|---|
| 项 目 | | | 单位 | 桩径 600mm | 占指标基价（%） |
| 指 标 基 价 | | | 元 | 3805 | 100.00 |
| 一、建筑安装工程费 | | | 元 | 3805 | 100.00 |
| 二、设备购置费 | | | 元 | — | — |
| **建筑安装工程费** | | | | | |
| 直接费 | 人工费 | 人工 | 工日 | 1 | — |
| | | 措施费分摊 | 元 | 10 | — |
| | | **人工费小计** | 元 | 38 | 1.00 |
| | 材料费 | 预制钢筋混凝土管桩 | $m^3$ | 1.72 | — |
| | | 其他材料费 | 元 | 18 | — |
| | | 措施费分摊 | 元 | 114 | — |
| | | **材料费小计** | 元 | 2625 | 68.97 |
| | 机械费 | 履带式柴油打桩机 5t | 台班 | 0.15 | — |
| | | 履带式起重机 15t | 台班 | 0.15 | — |
| | | 其他机械费 | 元 | 21 | — |
| | | 措施费分摊 | 元 | 7 | — |
| | | **机械费小计** | 元 | 434 | 11.39 |
| | **直接费小计** | | 元 | 3096 | 81.37 |
| 综合费用 | | | 元 | 709 | 18.63 |
| **合 计** | | | 元 | 3805 | — |

**工程内容**：打桩机架及工作台搭拆，PHC 桩的预制、运输、打桩、接桩等。

单位：10m

| 指标编号 | | | | 2F-007 | |
|---|---|---|---|---|---|
| 项目 | | | 单位 | 桩径 800mm | 占指标基价（%） |
| 指标基价 | | | 元 | 5311 | 100.00 |
| 一、建筑安装工程费 | | | 元 | 5311 | 100.00 |
| 二、设备购置费 | | | 元 | — | — |
| 建筑安装工程费 | | | | | |
| 直接费 | 人工费 | 人工 | 工日 | 1 | — |
| 直接费 | 人工费 | 措施费分摊 | 元 | 15 | — |
| 直接费 | 人工费 | **人工费小计** | 元 | 46 | 0.87 |
| 直接费 | 材料费 | 预制钢筋混凝土管桩 | $m^3$ | 2.42 | — |
| 直接费 | 材料费 | 其他材料费 | 元 | 30 | — |
| 直接费 | 材料费 | 措施费分摊 | 元 | 158 | — |
| 直接费 | 材料费 | **材料费小计** | 元 | 3695 | 69.58 |
| 直接费 | 材料费 | 履带式柴油打桩机 7t | 台班 | 0.18 | — |
| 直接费 | 材料费 | 履带式起重机 15t | 台班 | 0.13 | — |
| 直接费 | 材料费 | 履带式起重机 25t | 台班 | 0.05 | — |
| 直接费 | 材料费 | 其他机械费 | 元 | 32 | — |
| 直接费 | 材料费 | 措施费分摊 | 元 | 9 | — |
| 直接费 | 材料费 | **机械费小计** | 元 | 580 | 10.92 |
| 直接费 | **直接费小计** | | 元 | 4322 | 81.37 |
| 综合费用 | | | 元 | 990 | 18.63 |
| **合　计** | | | 元 | 5311 | — |

**工程内容：**打桩机架及工作台搭拆，PHC 桩的预制、运输、打桩、接桩等。

单位：10m

| 指标编号 | | | | 2F-008 | |
|---|---|---|---|---|---|
| 项目 | | | 单位 | 桩径 1000mm | 占指标基价（%） |
| 指标基价 | | | 元 | 7748 | 100.00 |
| 一、建筑安装工程费 | | | 元 | 7748 | 100.00 |
| 二、设备购置费 | | | 元 | — | — |
| **建筑安装工程费** | | | | | |
| 直接费 | 人工费 | 人工 | 工日 | 1 | — |
| | | 措施费分摊 | 元 | 21 | — |
| | | **人工费小计** | 元 | 60 | 0.77 |
| | 材料费 | 预制钢筋混凝土管桩 | $m^3$ | 3.61 | — |
| | | 其他材料费 | 元 | 46 | — |
| | | 措施费分摊 | 元 | 231 | — |
| | | **材料费小计** | 元 | 5510 | 71.12 |
| | 机械费 | 履带式柴油打桩机 8t | 台班 | 0.22 | — |
| | | 履带式起重机 15t | 台班 | 0.16 | — |
| | | 履带式起重机 25t | 台班 | 0.07 | — |
| | | 其他机械费 | 元 | 36 | — |
| | | 措施费分摊 | 元 | 13 | — |
| | | **机械费小计** | 元 | 734 | 9.48 |
| | **直接费小计** | | 元 | 6304 | 81.37 |
| 综合费用 | | | 元 | 1444 | 18.63 |
| **合计** | | | 元 | 7748 | — |

**工程内容**：打桩机架及工作台搭拆，PHC 桩的预制、运输、打桩、接桩等。

单位：10m

| 指标编号 | | | | 2F-009 | |
|---|---|---|---|---|---|
| 项目 | | | 单位 | 桩径 1200mm | 占指标基价（%） |
| 指标基价 | | | 元 | 10527 | 100.00 |
| 一、建筑安装工程费 | | | 元 | 10527 | 100.00 |
| 二、设备购置费 | | | 元 | — | — |
| **建筑安装工程费** | | | | | |
| 直接费 | 人工费 | 人工 | 工日 | 2 | — |
| | | 措施费分摊 | 元 | 29 | — |
| | | **人工费小计** | 元 | 77 | 0.73 |
| | 材料费 | 预制钢筋混凝土管桩 | $m^3$ | 5.02 | — |
| | | 其他材料费 | 元 | 55 | — |
| | | 措施费分摊 | 元 | 314 | — |
| | | **材料费小计** | 元 | 7645 | 72.62 |
| | 机械费 | 履带式柴油打桩机 8t | 台班 | 0.26 | — |
| | | 履带式起重机 15t | 台班 | 0.17 | — |
| | | 履带式起重机 25t | 台班 | 0.09 | — |
| | | 其他机械费 | 元 | 24 | — |
| | | 措施费分摊 | 元 | 18 | — |
| | | **机械费小计** | 元 | 844 | 8.02 |
| | **直接费小计** | | 元 | 8566 | 81.37 |
| 综合费用 | | | 元 | 1962 | 18.63 |
| **合计** | | | 元 | 10527 | — |

## 2.4 钢管桩基础

**工程内容：**打桩机架及工作台搭拆，钢管桩的预制、运输、打桩、接桩等。

单位：10t

| 指标编号 | | | | 2F-010 | |
|---|---|---|---|---|---|
| 项　　目 | | | 单位 | 钢管桩 | 占指标基价（%） |
| 指标基价 | | | 元 | 81784 | 100.00 |
| 一、建筑安装工程费 | | | 元 | 81784 | 100.00 |
| 二、设备购置费 | | | 元 | — | — |
| **建筑安装工程费** | | | | | |
| 直接费 | 人工费 | 人工 | 工日 | 38 | — |
| | | 措施费分摊 | 元 | 224 | — |
| | | **人工费小计** | 元 | 1397 | 1.71 |
| | 材料费 | 钢管桩 | t | 10.10 | — |
| | | 其他材料费 | 元 | 1565 | — |
| | | 措施费分摊 | 元 | 2440 | — |
| | | **材料费小计** | 元 | 59740 | 73.05 |
| | 机械费 | 履带式柴油打桩机 2.5t | 台班 | 1.22 | — |
| | | 履带式柴油打桩机 5t | 台班 | 0.56 | — |
| | | 履带式起重机 15t | 台班 | 1.54 | — |
| | | 履带式起重机 60t | 台班 | 0.36 | — |
| | | 其他机械费 | 元 | 230 | — |
| | | 措施费分摊 | 元 | 140 | — |
| | | **机械费小计** | 元 | 5409 | 6.61 |
| | **直接费小计** | | 元 | 66545 | 81.37 |
| 综合费用 | | | 元 | 15239 | 18.63 |
| **合　　计** | | | 元 | 81784 | — |

## 2.5 钢筋混凝土钻孔灌注桩

**工程内容：**钻架、工作平台及脚手架的搭拆、钢护筒的安拆，机械钻孔，混凝土灌注桩的浇筑、泥浆制作与运输、钢筋笼制作吊装等。

单位：$10m^3$

| 指标编号 | | | | 2F-011 | |
|---|---|---|---|---|---|
| 项目 | | | 单位 | 钢筋混凝土钻孔灌注桩 | |
| | | | | 千处 | 占指标基价（%） |
| 指标基价 | | | 元 | 13826 | 100.00 |
| 一、建筑安装工程费 | | | 元 | 13826 | 100.00 |
| 二、设备购置费 | | | 元 | — | — |
| 建筑安装工程费 | | | | | |
| 直接费 | 人工费 | 人工 | 工日 | 23 | — |
| | | 措施费分摊 | 元 | 38 | — |
| | | **人工费小计** | 元 | 740 | 5.35 |
| | 材料费 | 钢筋（综合） | t | 0.92 | — |
| | | 水下商品混凝土 C30 | $m^3$ | 12.18 | — |
| | | 其他材料费 | 元 | 579 | — |
| | | 措施费分摊 | 元 | 412 | — |
| | | **材料费小计** | 元 | 8459 | 61.18 |
| | 机械费 | 工程钻机 | 台班 | 0.91 | — |
| | | 其他机械费 | 元 | 1473 | — |
| | | 措施费分摊 | 元 | 24 | — |
| | | **机械费小计** | 元 | 2051 | 14.83 |
| | **直接费小计** | | 元 | 11250 | 81.37 |
| 综合费用 | | | 元 | 2576 | 18.63 |
| **合计** | | | 元 | 13826 | — |

**工程内容：**钻架、工作平台及脚手架的搭拆、钢护筒的安拆，机械钻孔，混凝土灌注桩的浇筑、泥浆制作与运输、钢筋笼制作吊装等。

单位：$10m^3$

<table>
<tr><td colspan="3">指 标 编 号</td><td></td><td colspan="2">2F-012</td></tr>
<tr><td colspan="3" rowspan="2">项　　目</td><td rowspan="2">单位</td><td colspan="2">钢筋混凝土钻孔灌注桩</td></tr>
<tr><td>水深≤5m</td><td>占指标基价（%）</td></tr>
<tr><td colspan="3">指 标 基 价</td><td>元</td><td>15037</td><td>100.00</td></tr>
<tr><td colspan="3">一、建筑安装工程费</td><td>元</td><td>15037</td><td>100.00</td></tr>
<tr><td colspan="3">二、设备购置费</td><td>元</td><td>—</td><td>—</td></tr>
<tr><td colspan="6">建筑安装工程费</td></tr>
<tr><td rowspan="13">直接费</td><td rowspan="3">人工费</td><td>人工</td><td>工日</td><td>29</td><td>—</td></tr>
<tr><td>措施费分摊</td><td>元</td><td>41</td><td>—</td></tr>
<tr><td>人工费小计</td><td>元</td><td>947</td><td>6.30</td></tr>
<tr><td rowspan="5">材料费</td><td>钢筋（综合）</td><td>t</td><td>0.92</td><td>—</td></tr>
<tr><td>水下商品混凝土 C30</td><td>$m^3$</td><td>12.18</td><td>—</td></tr>
<tr><td>其他材料费</td><td>元</td><td>776</td><td>—</td></tr>
<tr><td>措施费分摊</td><td>元</td><td>449</td><td>—</td></tr>
<tr><td>材料费小计</td><td>元</td><td>8692</td><td>57.81</td></tr>
<tr><td rowspan="4">机械费</td><td>工程钻机</td><td>台班</td><td>0.91</td><td>—</td></tr>
<tr><td>其他机械费</td><td>元</td><td>2016</td><td>—</td></tr>
<tr><td>措施费分摊</td><td>元</td><td>26</td><td>—</td></tr>
<tr><td>机械费小计</td><td>元</td><td>2596</td><td>17.26</td></tr>
<tr><td colspan="2">直接费小计</td><td>元</td><td>12235</td><td>81.37</td></tr>
<tr><td colspan="3">综合费用</td><td>元</td><td>2802</td><td>18.63</td></tr>
<tr><td colspan="3">合　　计</td><td>元</td><td>15037</td><td>—</td></tr>
</table>

**工程内容：**钻架、工作平台及脚手架的搭拆、钢护筒的安拆，机械钻孔，混凝土灌注桩的浇筑、泥浆制作与运输、钢筋笼制作吊装等。

单位：$10m^3$

| 指标编号 | | | 单位 | 2F-013 | |
|---|---|---|---|---|---|
| 项目 | | | 单位 | 钢筋混凝土钻孔灌注桩 | |
| | | | | 水深＞5m | 占指标基价（%） |
| 指标基价 | | | 元 | 20296 | 100.00 |
| 一、建筑安装工程费 | | | 元 | 20296 | 100.00 |
| 二、设备购置费 | | | 元 | — | — |
| **建筑安装工程费** | | | | | |
| 直接费 | 人工费 | 人工 | 工日 | 35 | — |
| | | 措施费分摊 | 元 | 56 | — |
| | | **人工费小计** | 元 | 1146 | 5.65 |
| | 材料费 | 钢筋（综合） | t | 0.92 | — |
| | | 水下商品混凝土 C30 | $m^3$ | 12.18 | — |
| | | 其他材料费 | 元 | 2247 | — |
| | | 措施费分摊 | 元 | 606 | — |
| | | **材料费小计** | 元 | 10320 | 50.85 |
| | 机械费 | 工程钻机 | 台班 | 0.91 | — |
| | | 其他机械费 | 元 | 4459 | — |
| | | 措施费分摊 | 元 | 35 | — |
| | | **机械费小计** | 元 | 5048 | 24.87 |
| | **直接费小计** | | 元 | 16514 | 81.37 |
| 综合费用 | | | 元 | 3782 | 18.63 |
| **合　计** | | | 元 | 20296 | — |

## 2.6 钢筋混凝土承台

**工程内容：**立、拆模板，混凝土浇筑等。

单位：$10m^3$

| 指标编号 | | | | 2F-014 | |
|---|---|---|---|---|---|
| 项目 | | | 单位 | 无底模 | |
| | | | | 千处 | 占指标基价（%） |
| 指标基价 | | | 元 | 8231 | 100.00 |
| 一、建筑安装工程费 | | | 元 | 8231 | 100.00 |
| 二、设备购置费 | | | 元 | — | — |
| **建筑安装工程费** | | | | | |
| 直接费 | 人工费 | 人工 | 工日 | 13 | — |
| | | 措施费分摊 | 元 | 23 | — |
| | | **人工费小计** | 元 | 416 | 5.05 |
| | 材料费 | 钢筋（综合） | t | 0.61 | — |
| | | 商品混凝土 C30 | $m^3$ | 10.15 | — |
| | | 其他材料费 | 元 | 400 | — |
| | | 措施费分摊 | 元 | 246 | — |
| | | **材料费小计** | 元 | 6133 | 74.52 |
| | 机械费 | 汽车起重机 5t | 台班 | 0.20 | — |
| | | 其他机械费 | 元 | 104 | — |
| | | 措施费分摊 | 元 | 14 | — |
| | | **机械费小计** | 元 | 148 | 1.80 |
| | **直接费小计** | | 元 | 6697 | 81.37 |
| 综合费用 | | | 元 | 1534 | 18.63 |
| **合　计** | | | 元 | 8231 | — |

**工程内容**：立、拆模板，混凝土浇筑等。

单位：10m³

| 指标编号 | | | | 2F-015 | |
|---|---|---|---|---|---|
| 项目 | | | 单位 | 无底模 | |
| | | | | 水中 | 占指标基价（%） |
| 指标基价 | | | 元 | 14241 | 100.00 |
| 一、建筑安装工程费 | | | 元 | 14241 | 100.00 |
| 二、设备购置费 | | | 元 | — | — |
| 建筑安装工程费 | | | | | |
| 直接费 | 人工费 | 人工 | 工日 | 144 | — |
| | | 措施费分摊 | 元 | 39 | — |
| | | **人工费小计** | 元 | 4521 | 31.75 |
| | 材料费 | 钢筋（综合） | t | 0.61 | — |
| | | 商品混凝土 C30 | m³ | 10.15 | — |
| | | 其他材料费 | 元 | 891 | — |
| | | 措施费分摊 | 元 | 425 | — |
| | | **材料费小计** | 元 | 6803 | 47.77 |
| | 机械费 | 汽车起重机 5t | 台班 | 0.20 | — |
| | | 其他机械费 | 元 | 208 | — |
| | | 措施费分摊 | 元 | 24 | — |
| | | **机械费小计** | 元 | 263 | 1.85 |
| | **直接费小计** | | 元 | 11587 | 81.37 |
| 综合费用 | | | 元 | 2654 | 18.63 |
| **合计** | | | 元 | 14241 | — |

**工程内容：**立、拆模板，混凝土浇筑等。

单位：$10m^3$

| 指标编号 | | | | 2F-016 | |
|---|---|---|---|---|---|
| 项目 | | | 单位 | 有底模 | |
| | | | | 干处 | 占指标基价（%） |
| 指标基价 | | | 元 | 8985 | 100.00 |
| 一、建筑安装工程费 | | | 元 | 8985 | 100.00 |
| 二、设备购置费 | | | 元 | — | — |
| **建筑安装工程费** | | | | | |
| 直接费 | 人工费 | 人工 | 工日 | 17 | — |
| | | 措施费分摊 | 元 | 25 | — |
| | | **人工费小计** | 元 | 550 | 6.12 |
| | 材料费 | 钢筋（综合） | t | 0.61 | — |
| | | 商品混凝土 C30 | $m^3$ | 10.15 | — |
| | | 其他材料费 | 元 | 821 | — |
| | | 措施费分摊 | 元 | 268 | — |
| | | **材料费小计** | 元 | 6576 | 73.20 |
| | 机械费 | 汽车起重机 5t | 台班 | 0.41 | — |
| | | 其他机械费 | 元 | 108 | — |
| | | 措施费分摊 | 元 | 15 | — |
| | | **机械费小计** | 元 | 184 | 2.05 |
| | **直接费小计** | | 元 | 7310 | 81.37 |
| 综合费用 | | | 元 | 1674 | 18.63 |
| **合计** | | | 元 | 8985 | — |

**工程内容：**立、拆模板，混凝土浇筑等。

单位：$10m^3$

| 指标编号 | | | | 2F-017 | |
|---|---|---|---|---|---|
| 项目 | | | 单位 | 有底模 | |
| | | | | 湿处 | 占指标基价（%） |
| 指标基价 | | | 元 | 35624 | 100.00 |
| 一、建筑安装工程费 | | | 元 | 35624 | 100.00 |
| 二、设备购置费 | | | 元 | — | — |
| 建筑安装工程费 | | | | | |
| 直接费 | 人工费 | 人工 | 工日 | 191 | — |
| | | 措施费分摊 | 元 | 98 | — |
| | | **人工费小计** | 元 | 6010 | 16.87 |
| | 材料费 | 钢筋（综合） | t | 0.61 | — |
| | | 商品混凝土 C30 | $m^3$ | 10.15 | — |
| | | 其他材料费 | 元 | 14811 | — |
| | | 措施费分摊 | 元 | 1063 | — |
| | | **材料费小计** | 元 | 21360 | 59.96 |
| | 机械费 | 汽车起重机 5t | 台班 | 0.41 | — |
| | | 履带式起重机 15t | 台班 | 0.64 | — |
| | | 其他机械费 | 元 | 1103 | — |
| | | 措施费分摊 | 元 | 61 | — |
| | | **机械费小计** | 元 | 1616 | 4.54 |
| | **直接费小计** | | 元 | 28986 | 81.37 |
| 综合费用 | | | 元 | 6638 | 18.63 |
| **合计** | | | 元 | 35624 | — |

# 2.7 钢筋混凝土墩台

**工程内容：**立、拆模板，混凝土浇筑等。

单位：$10m^3$

| 指标编号 | | | | 2F-018 | |
|---|---|---|---|---|---|
| 项目 | | | 单位 | 柱式 | 占指标基价（%） |
| 指标基价 | | | 元 | 18105 | 100.00 |
| 一、建筑安装工程费 | | | 元 | 18105 | 100.00 |
| 二、设备购置费 | | | 元 | — | — |
| **建筑安装工程费** | | | | | |
| 直接费 | 人工费 | 人工 | 工日 | 49 | — |
| | | 措施费分摊 | 元 | 50 | — |
| | | **人工费小计** | 元 | 1575 | 8.70 |
| | 材料费 | 钢筋（综合） | t | 2.05 | — |
| | | 商品混凝土 C40 | $m^3$ | 10.15 | — |
| | | 其他材料费 | 元 | 786 | — |
| | | 措施费分摊 | 元 | 540 | — |
| | | **材料费小计** | 元 | 12339 | 68.15 |
| | 机械费 | 汽车起重机 5t | 台班 | 1.65 | — |
| | | 其他机械费 | 元 | 540 | — |
| | | 措施费分摊 | 元 | 31 | — |
| | | **机械费小计** | 元 | 818 | 4.52 |
| | **直接费小计** | | 元 | 14732 | 81.37 |
| 综合费用 | | | 元 | 3374 | 18.63 |
| **合　计** | | | 元 | 18105 | — |

**工程内容**：立、拆模板，混凝土浇筑等。

单位：$10m^3$

| 指 标 编 号 | | | | 2F-019 | |
|---|---|---|---|---|---|
| 项 目 | | | 单位 | 实体式 | 占指标基价（%） |
| 指 标 基 价 | | | 元 | 10567 | 100.00 |
| 一、建筑安装工程费 | | | 元 | 10567 | 100.00 |
| 二、设备购置费 | | | 元 | — | — |
| 建筑安装工程费 | | | | | |
| 直接费 | 人工费 | 人工 | 工日 | 18 | — |
| | | 措施费分摊 | 元 | 29 | — |
| | | **人工费小计** | 元 | 578 | 5.47 |
| | 材料费 | 钢筋（综合） | t | 1.02 | — |
| | | 商品混凝土 C40 | $m^3$ | 10.15 | — |
| | | 其他材料费 | 元 | 28 | — |
| | | 措施费分摊 | 元 | 314 | — |
| | | **材料费小计** | 元 | 7699 | 72.85 |
| | 机械费 | 汽车起重机 5t | 台班 | 0.40 | — |
| | | 其他机械费 | 元 | 244 | — |
| | | 措施费分摊 | 元 | 18 | — |
| | | **机械费小计** | 元 | 322 | 3.05 |
| | **直接费小计** | | 元 | 8598 | 81.37 |
| 综合费用 | | | 元 | 1969 | 18.63 |
| **合 计** | | | 元 | 10567 | — |

**工程内容：**立、拆模板，混凝土浇筑等。

单位：$10m^3$

| 指 标 编 号 | | | | 2F-020 | |
|---|---|---|---|---|---|
| 项　　目 | | | 单位 | 空心墩 | 占指标基价（%） |
| 指 标 基 价 | | | 元 | 23093 | 100.00 |
| 一、建筑安装工程费 | | | 元 | 23093 | 100.00 |
| 二、设备购置费 | | | 元 | — | — |
| **建筑安装工程费** | | | | | |
| 直接费 | 人工费 | 人工 | 工日 | 80 | — |
| | | 措施费分摊 | 元 | 63 | — |
| | | **人工费小计** | 元 | 2552 | 11.05 |
| | 材料费 | 钢筋（综合） | t | 2.09 | — |
| | | 商品混凝土 C40 | $m^3$ | 10.15 | — |
| | | 其他材料费 | 元 | 1044 | — |
| | | 措施费分摊 | 元 | 689 | — |
| | | **材料费小计** | 元 | 12895 | 55.84 |
| | 机械费 | 其他机械费 | 元 | 3304 | — |
| | | 措施费分摊 | 元 | 40 | — |
| | | **机械费小计** | 元 | 3343 | 14.48 |
| | **直接费小计** | | 元 | 18790 | 81.37 |
| 综合费用 | | | 元 | 4303 | 18.63 |
| **合　　计** | | | 元 | 23093 | — |

## 2.8 装配式预应力钢筋混凝土梁桥

**工程内容：**上部梁的制作、运输及安装，设置支座等。

单位：$10m^3$

| 指标编号 | | | | 2F-021 | |
|---|---|---|---|---|---|
| 项目 | | | 单位 | 预应力空心板梁 | 占指标基价（%） |
| 指标基价 | | | 元 | 21196 | 100.00 |
| 一、建筑安装工程费 | | | 元 | 21196 | 100.00 |
| 二、设备购置费 | | | 元 | — | — |
| **建筑安装工程费** | | | | | |
| 直接费 | 人工费 | 人工 | 工日 | 116 | — |
| | | 措施费分摊 | 元 | 58 | — |
| | | **人工费小计** | 元 | 3662 | 17.28 |
| | 材料费 | 钢筋（综合） | t | 0.98 | — |
| | | 预应力钢绞线 | t | 0.43 | — |
| | | 水泥 325 | kg | 25.06 | — |
| | | 水泥 425 | kg | 4628.40 | — |
| | | 中粗砂 | t | 6.27 | — |
| | | 碎石 5～20mm | $m^3$ | 8.58 | — |
| | | 碎石 5～40mm | $m^3$ | 0.06 | — |
| | | 其他材料费 | 元 | 1402 | — |
| | | 措施费分摊 | 元 | 632 | — |
| | | **材料费小计** | 元 | 10768 | 50.80 |
| | 机械费 | 汽车起重机 5t | 台班 | 0.14 | — |
| | | 龙门式起重机 40t | 台班 | 0.39 | — |
| | | 汽车起重机 100t | 台班 | 0.05 | — |
| | | 其他机械费 | 元 | 2183 | — |
| | | 措施费分摊 | 元 | 36 | — |
| | | **机械费小计** | 元 | 2816 | 13.29 |
| | **直接费小计** | | 元 | 17246 | 81.37 |
| 综合费用 | | | 元 | 3949 | 18.63 |
| 合计 | | | 元 | 21196 | — |

**工程内容：**上部梁的制作、运输及安装，设置支座等。

单位：$10m^3$

| 指标编号 | | | | 2F-022 | |
|---|---|---|---|---|---|
| 项目 | | | 单位 | 预应力T梁 | 占指标基价（%） |
| 指标基价 | | | 元 | 31375 | 100.00 |
| 一、建筑安装工程费 | | | 元 | 31375 | 100.00 |
| 二、设备购置费 | | | 元 | — | — |
| **建筑安装工程费** | | | | | |
| 直接费 | 人工费 | 人工 | 工日 | 140 | — |
| | | 措施费分摊 | 元 | 86 | — |
| | | **人工费小计** | 元 | 4416 | 14.07 |
| | 材料费 | 钢筋（综合） | t | 1.81 | — |
| | | 预应力钢绞线 | t | 0.37 | — |
| | | 水泥 325 | kg | 14163.30 | — |
| | | 水泥 425 | kg | 4628.40 | — |
| | | 中粗砂 | t | 6.22 | — |
| | | 碎石 5～20mm | $m^3$ | 8.58 | — |
| | | 其他材料费 | 元 | 1087 | — |
| | | 措施费分摊 | 元 | 936 | — |
| | | **材料费小计** | 元 | 18270.05 | 58.24 |
| | 机械费 | 汽车起重机 5t | 台班 | 3.54 | — |
| | | 汽车起重机 100t | 台班 | 0.12 | — |
| | | 其他机械费 | 元 | 1654 | — |
| | | 措施费分摊 | 元 | 54 | — |
| | | **机械费小计** | 元 | 2843 | 9.06 |
| | **直接费小计** | | 元 | 25529 | 81.37 |
| 综合费用 | | | 元 | 5846 | 18.63 |
| **合计** | | | 元 | 31375 | — |

## 2.9 装配式钢筋混凝土梁桥

**工程内容**：上部梁的制作、运输及安装，设置支座等。

单位：$10m^3$

| 指标编号 | | | | 2F-023 | |
|---|---|---|---|---|---|
| 项目 | | | 单位 | 板式梁 | 占指标基价（%） |
| 指标基价 | | | 元 | 19585 | 100.00 |
| 一、建筑安装工程费 | | | 元 | 19585 | 100.00 |
| 二、设备购置费 | | | 元 | — | — |
| 建筑安装工程费 | | | | | |
| 直接费 | 人工费 | 人工 | 工日 | 5 | — |
| | | 措施费分摊 | 元 | 54 | — |
| | | **人工费小计** | 元 | 215 | 1.10 |
| | 材料费 | 成品混凝土板梁 | $m^3$ | 10.00 | — |
| | | 其他材料费 | 元 | 1550 | — |
| | | 措施费分摊 | 元 | 584 | — |
| | | **材料费小计** | 元 | 14909 | 76.13 |
| | 机械费 | 汽车起重机 5t | 台班 | 0.07 | — |
| | | 汽车起重机 20t | 台班 | 0.02 | — |
| | | 汽车起重机 50t | 台班 | 0.04 | — |
| | | 其他机械费 | 元 | 616 | — |
| | | 措施费分摊 | 元 | 34 | — |
| | | **机械费小计** | 元 | 812 | 4.14 |
| | **直接费小计** | | 元 | 15936 | 81.37 |
| 综合费用 | | | 元 | 3649 | 18.63 |
| **合　计** | | | 元 | 19585 | — |

**工程内容**：上部梁的制作、运输及安装，设置支座等。

单位：$10m^3$

| 指标编号 | | | | 2F-024 | |
|---|---|---|---|---|---|
| 项目 | | | 单位 | 空心板梁 | 占指标基价（%） |
| 指标基价 | | | 元 | 15706 | 100.00 |
| 一、建筑安装工程费 | | | 元 | 15706 | 100.00 |
| 二、设备购置费 | | | 元 | — | — |
| **建筑安装工程费** | | | | | |
| 直接费 | 人工费 | 人工 | 工日 | 6 | — |
| | | 措施费分摊 | 元 | 43 | — |
| | | **人工费小计** | 元 | 220 | 1.40 |
| | 材料费 | 中粗砂 | t | 6.89 | — |
| | | 水泥 325 | kg | 5091.24 | — |
| | | 碎石 5~40mm | $m^3$ | 9.44 | — |
| | | 钢筋 | t | 1.80 | — |
| | | 其他材料费 | 元 | 1745 | — |
| | | 措施费分摊 | 元 | 469 | — |
| | | **材料费小计** | 元 | 11132 | 70.88 |
| | 机械费 | 汽车起重机 5t | 台班 | 0.82 | — |
| | | 汽车起重机 20t | 台班 | 0.02 | — |
| | | 汽车起重机 50t | 台班 | 0.03 | — |
| | | 其他机械费 | 元 | 1157 | — |
| | | 措施费分摊 | 元 | 27 | — |
| | | **机械费小计** | 元 | 1427 | 9.09 |
| | **直接费小计** | | 元 | 12780 | 81.37 |
| 综合费用 | | | 元 | 2927 | 18.63 |
| **合计** | | | 元 | 15706 | — |

## 2.10 现浇上部构造

**工程内容：**现浇钢筋混凝土梁支架的搭拆、钢筋混凝土浇筑、支座设置等。

单位：$10m^3$

| 指标编号 | | | | 2F-025 | |
|---|---|---|---|---|---|
| 项目 | | | 单位 | 钢筋混凝土箱型梁 | 占指标基价（%） |
| 指标基价 | | | 元 | 30378 | 100.00 |
| 一、建筑安装工程费 | | | 元 | 30378 | 100.00 |
| 二、设备购置费 | | | 元 | — | — |
| **建筑安装工程费** | | | | | |
| 直接费 | 人工费 | 人工 | 工日 | 132 | — |
| | | 措施费分摊 | 元 | 83 | — |
| | | **人工费小计** | 元 | 4194 | 13.81 |
| | 材料费 | 商品混凝土 C40 | $m^3$ | 10.15 | — |
| | | 钢筋（综合） | t | 2.05 | — |
| | | 其他材料费 | 元 | 7609 | — |
| | | 措施费分摊 | 元 | 906 | — |
| | | **材料费小计** | 元 | 19528 | 64.29 |
| | 机械费 | 汽车起重机 5t | 台班 | 1.19 | — |
| | | 其他机械费 | 元 | 765 | — |
| | | 措施费分摊 | 元 | 52 | — |
| | | **机械费小计** | 元 | 995 | 3.28 |
| | **直接费小计** | | 元 | 24717 | 81.37 |
| 综合费用 | | | 元 | 5660 | 18.63 |
| 合计 | | | 元 | 30378 | — |

**工程内容：**现浇钢筋混凝土梁支架的搭拆、钢筋混凝土浇筑、支座设置等。

单位：$10m^3$

| 指标编号 | | | | 2F-026 | |
|---|---|---|---|---|---|
| 项目 | | | 单位 | 预应力钢筋混凝土箱型梁 | 占指标基价（%） |
| 指标基价 | | | 元 | 36592 | 100.00 |
| 一、建筑安装工程费 | | | 元 | 36592 | 100.00 |
| 二、设备购置费 | | | 元 | — | — |
| **建筑安装工程费** | | | | | |
| 直接费 | 人工费 | 人工 | 工日 | 139.25 | — |
| | | 措施费分摊 | 元 | 100.39 | — |
| | | **人工费小计** | 元 | 4421 | 12.08 |
| | 材料费 | 钢筋（综合） | t | 1.99 | — |
| | | 预应力钢绞线 | t | 0.52 | — |
| | | 商品混凝土 C50 | $m^3$ | 10.15 | — |
| | | 其他材料费 | 元 | 8771 | — |
| | | 措施费分摊 | 元 | 1092 | — |
| | | **材料费小计** | 元 | 24136 | 65.96 |
| | 机械费 | 汽车起重机 5t | 台班 | 1.19 | — |
| | | 其他机械费 | 元 | 976 | — |
| | | 措施费分摊 | 元 | 63 | — |
| | | **机械费小计** | 元 | 1217 | 3.33 |
| | **直接费小计** | | 元 | 29774 | 81.37 |
| 综合费用 | | | 元 | 6818 | 18.63 |
| **合计** | | | 元 | 36592 | — |

## 2.11 悬浇悬拼上部构造

**工程内容：**$0^{\#}$箱梁支架安拆，钢筋混凝土浇筑，预制构件的制作运输，挂篮设备安拆及推移，悬浇悬拼混凝土，跨中合拢段支架安拆，钢绞线施工，支座设置等。

单位：$10m^3$

| 指标编号 | | | | 2F-027 | |
|---|---|---|---|---|---|
| 项目 | | | 单位 | 预应力混凝土 T 型刚构 | |
| | | | | 悬浇 | 占指标基价（%） |
| 指标基价 | | | 元 | 36224 | 100.00 |
| 一、建筑安装工程费 | | | 元 | 36224 | 100.00 |
| 二、设备购置费 | | | 元 | — | — |
| **建筑安装工程费** | | | | | |
| 直接费 | 人工费 | 人工 | 工日 | 123 | — |
| | | 措施费分摊 | 元 | 99 | — |
| | | **人工费小计** | 元 | 3919 | 10.82 |
| | 材料费 | 钢筋（综合） | t | 1.82 | — |
| | | 商品混凝土 C50 | $m^3$ | 10.20 | — |
| | | 预应力钢绞线 | t | 1.02 | — |
| | | 其他材料费 | 元 | 4820 | — |
| | | 措施费分摊 | 元 | 1081 | — |
| | | **材料费小计** | 元 | 22233 | 61.38 |
| | 机械费 | 混凝土输送泵 $60m^3/h$ 以内 | 台班 | 0.04 | — |
| | | 预应力钢绞线拉伸设备 | 台班 | 1.41 | — |
| | | 交流对焊机 100kV · A 以内 | 台班 | 1.11 | — |
| | | 其他机械费 | 元 | 1747 | — |
| | | 措施费分摊 | 元 | 62 | — |
| | | **机械费小计** | 元 | 3322 | 9.17 |
| | **直接费小计** | | 元 | 29474 | 81.37 |
| 综合费用 | | | 元 | 6750 | 18.63 |
| 合计 | | | 元 | 36224 | — |

**工程内容：**0#箱梁支架安拆，钢筋混凝土浇筑，预制构件的制作运输，挂篮设备安拆及推移，悬浇悬拼混凝土，跨中合拢段支架安拆，钢绞线施工，支座设置等。

单位：$10m^3$

| 指标编号 | | | | 2F-028 | |
|---|---|---|---|---|---|
| 项目 | | | 单位 | 预应力混凝土连续刚构 | |
| | | | | 悬浇 | 占指标基价（%） |
| 指标基价 | | | 元 | 36992 | 100.00 |
| 一、建筑安装工程费 | | | 元 | 36992 | 100.00 |
| 二、设备购置费 | | | 元 | — | — |
| **建筑安装工程费** | | | | | |
| 直接费 | 人工费 | 人工 | 工日 | 157 | — |
| | | 措施费分摊 | 元 | 101 | — |
| | | **人工费小计** | 元 | 4976 | 13.45 |
| | 材料费 | 钢筋（综合） | t | 1.30 | — |
| | | 商品混凝土 C50 | $m^3$ | 10.15 | — |
| | | 预应力钢绞线 | t | 0.64 | — |
| | | 其他材料费 | 元 | 7397 | — |
| | | 措施费分摊 | 元 | 1104 | — |
| | | **材料费小计** | 元 | 21907 | 59.22 |
| | 机械费 | 混凝土输送泵 $60m^3/h$ 以内 | 台班 | 0.04 | — |
| | | 预应力钢绞线拉伸设备 | 台班 | 0.78 | — |
| | | 交流对焊机 100kV·A 以内 | 台班 | 0.98 | — |
| | | 其他机械费 | 元 | 2131 | — |
| | | 措施费分摊 | 元 | 63 | — |
| | | **机械费小计** | 元 | 3216 | 8.69 |
| | **直接费小计** | | 元 | 30099 | 81.37 |
| 综合费用 | | | 元 | 6893 | 18.63 |
| **合　计** | | | 元 | 36992 | — |

**工程内容**：0#箱梁支架安拆，钢筋混凝土浇筑，预制构件的制作运输，挂篮设备安拆及推移，悬浇悬拼混凝土，跨中合拢段支架安拆，钢绞线施工，支座设置等。

单位：$10m^3$

| 指标编号 | | | | 2F-029 | |
|---|---|---|---|---|---|
| 项目 | | | 单位 | 预应力混凝土连续梁 | |
| | | | | 悬浇 | 占指标基价（%） |
| 指标基价 | | | 元 | 36992 | 100.00 |
| 一、建筑安装工程费 | | | 元 | 36992 | 100.00 |
| 二、设备购置费 | | | 元 | — | — |
| 建筑安装工程费 | | | | | |
| 直接费 | 人工费 | 人工 | 工日 | 157 | — |
| | | 措施费分摊 | 元 | 101 | — |
| | | **人工费小计** | 元 | 4976 | 13.45 |
| | 材料费 | 钢筋（综合） | t | 1.30 | — |
| | | 商品混凝土 C50 | $m^3$ | 10.15 | — |
| | | 预应力钢绞线 | t | 0.64 | — |
| | | 其他材料费 | 元 | 7397 | — |
| | | 措施费分摊 | 元 | 1104 | — |
| | | **材料费小计** | 元 | 21907 | 59.22 |
| | 机械费 | 混凝土输送泵 $60m^3/h$ 以内 | 台班 | 0.04 | — |
| | | 预应力钢绞线拉伸设备 | 台班 | 0.78 | — |
| | | 交流对焊机 100kV·A 以内 | 台班 | 0.98 | — |
| | | 其他机械费 | 元 | 2131 | — |
| | | 措施费分摊 | 元 | 63 | — |
| | | **机械费小计** | 元 | 3216 | 8.69 |
| | **直接费小计** | | 元 | 30099 | 81.37 |
| 综合费用 | | | 元 | 6893 | 18.63 |
| 合计 | | | 元 | 36992 | — |

**工程内容：**0#箱梁支架安拆，钢筋混凝土浇筑，预制构件的制作运输，挂篮设备安拆及推移，悬浇悬拼混凝土，跨中合拢段支架安拆，钢绞线施工，支座设置等。

单位：$10m^3$

| 指标编号 | | | | 2F-030 | |
|---|---|---|---|---|---|
| 项目 | | | 单位 | 预应力混凝土连续梁 | |
| | | | | 悬拼 | 占指标基价（%） |
| 指标基价 | | | 元 | 43240 | 100.00 |
| 一、建筑安装工程费 | | | 元 | 43240 | 100.00 |
| 二、设备购置费 | | | 元 | — | — |
| 建筑安装工程费 | | | | | |
| 直接费 | 人工费 | 人工 | 工日 | 178 | — |
| | | 措施费分摊 | 元 | 119 | — |
| | | **人工费小计** | 元 | 5648 | 13.06 |
| | 材料费 | 钢筋（综合） | t | 2.01 | — |
| | | 商品混凝土 C50 | $m^3$ | 10.20 | — |
| | | 预应力钢绞线 | t | 1.16 | — |
| | | 其他材料费 | 元 | 5780 | — |
| | | 措施费分摊 | 元 | 1290 | — |
| | | **材料费小计** | 元 | 25442 | 58.84 |
| | 机械费 | 混凝土输送泵 $60m^3/h$ 以内 | 台班 | 0.04 | — |
| | | 预应力钢绞线拉伸设备 | 台班 | 1.49 | — |
| | | 交流对焊机 100kV · A 以内 | 台班 | 1.28 | — |
| | | 其他机械费 | 元 | 3523 | — |
| | | 措施费分摊 | 元 | 74 | — |
| | | **机械费小计** | 元 | 4093 | 9.47 |
| | **直接费小计** | | 元 | 35183 | 81.37 |
| 综合费用 | | | 元 | 8057 | 18.63 |
| **合计** | | | 元 | 43240 | — |

## 2.12 斜 拉 索

**工程内容：**斜拉索制作、运输、安装等。

单位：10t

| 指标编号 | | | | 2F-031 | |
|---|---|---|---|---|---|
| 项目 | | | 单位 | 斜拉索 | 占指标基价（%） |
| 指标基价 | | | 元 | 306391 | 100.00 |
| 一、建筑安装工程费 | | | 元 | 306391 | 100.00 |
| 二、设备购置费 | | | 元 | — | — |
| **建筑安装工程费** | | | | | |
| 直接费 | 人工费 | 人工 | 工日 | 71 | — |
| | | 措施费分摊 | 元 | 841 | — |
| | | **人工费小计** | 元 | 3034 | 0.99 |
| | 材料费 | 斜拉索（成品） | t | 10.00 | — |
| | | 其他材料费 | 元 | 11000 | — |
| | | 措施费分摊 | 元 | 9141 | — |
| | | **材料费小计** | 元 | 240141 | 78.38 |
| | 机械费 | 其他机械费 | 元 | 5600 | — |
| | | 措施费分摊 | 元 | 525 | — |
| | | **机械费小计** | 元 | 6125 | 2.00 |
| | **直接费小计** | | 元 | 249301 | 81.37 |
| 综合费用 | | | 元 | 57090 | 18.63 |
| **合　计** | | | 元 | 306391 | — |

## 2.13 钢　结　构

**工程内容：**钢结构构件的制作、运输、现场安装等。

单位：10t

| 指标编号 | | | 2F-032 | |
|---|---|---|---|---|
| 项　目 | | 单位 | 钢结构 | 占指标基价（%） |
| 指标基价 | | 元 | 167387 | 100.00 |
| 一、建筑安装工程费 | | 元 | 167387 | 100.00 |
| 二、设备购置费 | | 元 | — | — |
| 建筑安装工程费 | | | | |
| 直接费 | 人工费 | 人工 | 工日 | 81 | — |
| | | 措施费分摊 | 元 | 459 | — |
| | | **人工费小计** | 元 | 2957 | 1.77 |
| | 材料费 | 钢结构 | t | 10.00 | — |
| | | 其他材料费 | 元 | 5460 | — |
| | | 措施费分摊 | 元 | 4994 | — |
| | | **材料费小计** | 元 | 130454 | 77.94 |
| | 机械费 | 其他机械费 | 元 | 2500 | — |
| | | 措施费分摊 | 元 | 287 | — |
| | | **机械费小计** | 元 | 2787 | 1.67 |
| | **直接费小计** | | 元 | 136198 | 81.37 |
| 综合费用 | | | 元 | 31189 | 18.63 |
| **合　计** | | | 元 | 167387 | — |

## 2.14 桥 面 系

**工程内容：**混凝土桥面白色铺装、黑色铺装、钢桥面环氧沥青混凝土铺装，栏杆设置、伸缩缝设置等。

单位：$100m^2$

| 指标编号 | | | | 2F-033 | |
|---|---|---|---|---|---|
| 项目 | | | 单位 | 混凝土桥面 | 占指标基价（%） |
| 指标基价 | | | 元 | 25492 | 100.00 |
| 一、建筑安装工程费 | | | 元 | 25492 | 100.00 |
| 二、设备购置费 | | | 元 | — | — |
| **建筑安装工程费** | | | | | |
| 直接费 | 人工费 | 人工 | 工日 | 29 | — |
| | | 措施费分摊 | 元 | 70 | — |
| | | **人工费小计** | 元 | 978 | 3.84 |
| | 材料费 | 商品混凝土 C30 | $m^3$ | 11.51 | — |
| | | 钢筋（综合） | t | 1.27 | — |
| | | 细粒式沥青混凝土 | t | 9.34 | — |
| | | 中粒式沥青混凝土 | t | 9.54 | — |
| | | 其他材料费 | 元 | 3675 | — |
| | | 措施费分摊 | 元 | 761 | — |
| | | **材料费小计** | 元 | 19150 | 75.12 |
| | 机械费 | 汽车起重机 5t | 台班 | 0.01 | — |
| | | 履带式沥青混凝土摊铺机 | 台班 | 0.18 | — |
| | | 其他机械费 | 元 | 353 | — |
| | | 措施费分摊 | 元 | 44 | — |
| | | **机械费小计** | 元 | 614 | 2.41 |
| | **直接费小计** | | 元 | 20742 | 81.37 |
| 综合费用 | | | 元 | 4750 | 18.63 |
| **合 计** | | | 元 | 25492 | — |

**工程内容：** 混凝土桥面白色铺装、黑色铺装、钢桥面环氧沥青混凝土铺装，栏杆设置、伸缩缝设置等。

单位：$100m^2$

| 指 标 编 号 | | | | 2F-034 | |
|---|---|---|---|---|---|
| 项　　目 | | | 单位 | 钢桥面 | 占指标基价（%） |
| 指 标 基 价 | | | 元 | 161643 | 100.00 |
| 一、建筑安装工程费 | | | 元 | 161643 | 100.00 |
| 二、设备购置费 | | | 元 | — | — |
| 建筑安装工程费 | | | | | |
| 直接费 | 人工费 | 人工 | 工日 | 32 | — |
| | | 措施费分摊 | 元 | 443 | — |
| | | **人工费小计** | 元 | 1442 | 0.89 |
| | 材料费 | 商品混凝土 C30 | $m^3$ | 3.39 | — |
| | | 钢筋 | t | 0.45 | — |
| | | 环氧沥青混凝土 | $m^2$ | 100.00 | — |
| | | 其他材料费 | 元 | 1745 | — |
| | | 措施费分摊 | 元 | 4823 | — |
| | | **材料费小计** | 元 | 129274 | 79.98 |
| | 机械费 | 其他机械费 | 元 | 530 | — |
| | | 措施费分摊 | 元 | 277 | — |
| | | **机械费小计** | 元 | 807 | 0.50 |
| | **直接费小计** | | 元 | 131524 | 81.37 |
| 综合费用 | | | 元 | 30119 | 18.63 |
| **合　　计** | | | 元 | 161643 | — |

# 附　　录

# 附录一　主要材料、机械台班、设备单价取定表

| 序号 | 名　称 | 规格型号 | 单位 | 单价（元） |
|---|---|---|---|---|
| 1 | 钢筋 | $\phi$10 以内 | t | 3450.00 |
| 2 | 钢筋 | $\phi$10 以外 | t | 3550.00 |
| 3 | 预应力钢绞线 | | kg | 6.25 |
| 4 | 型钢 | | kg | 3.40 |
| 5 | 六角空心钢 | | t | 2880.00 |
| 6 | 不锈钢板 | | kg | 21.00 |
| 7 | 镀锌铁丝 | $22^{\#}$ | kg | 7.8 |
| 8 | 钢模板 | | kg | 4.30 |
| 9 | 脚手钢管 | $\phi$48mm | t | 4720.00 |
| 10 | 钢材 | | t | 5500.00 |
| 11 | 钢钎 | | kg | 3.75 |
| 12 | 无缝钢管 | （综合） | kg | 5.40 |
| 13 | 水泥砖 | | $m^2$ | 37.00 |
| 14 | 缘石乙 2 | 8×10×30 | m | 14.82 |
| 15 | 缘石乙 3 | 10×20×49.5 | m | 23.16 |
| 16 | 预制混凝土挡墙 | $H$=3 ~ 4m | $m^3$ | 610.00 |
| 17 | 水泥 | 425 | t | 350.00 |
| 18 | 板方材 | | $m^3$ | 1452.00 |
| 19 | 木模板 | | $m^3$ | 1144.00 |
| 20 | 标准砖 | | 千块 | 290.00 |
| 21 | 碎石、块石 | 5~20mm | $m^3$ | 57.80 |
| 22 | 碎石、块石 | 5~40mm | $m^3$ | 57.80 |
| 23 | 石灰粉煤灰砂砾 | | t | 43.50 |
| 24 | 石灰粉煤灰碎石 | | t | 50.00 |
| 25 | 水泥稳定碎石 | | t | 90.00 |
| 26 | 中粗砂 | | $m^3$ | 43.26 |
| 27 | 中粗砂 | | t | 29.63 |
| 28 | 生石灰 | | t | 147.00 |
| 29 | 透水砖 | | $m^2$ | 47.00 |
| 30 | 块石、片石 | | $m^3$ | 52.99 |
| 31 | 不锈钢扶手 | $\phi$75 | m | 143.75 |
| 32 | 不锈钢立柱 | $\phi$20 | m | 28.75 |
| 33 | 不锈钢栏杆 | $\phi$50 | m | 75.00 |
| 34 | 螺栓 | | kg | 8.21 |

续表

| 序号 | 名　　称 | 规格型号 | 单位 | 单价（元） |
|---|---|---|---|---|
| 35 | 脚手管（扣）件 | | 个 | 5.60 |
| 36 | 煤 | | t | 325.38 |
| 37 | 环氧沥青混凝土 | | $m^2$ | 1203.00 |
| 38 | 预制钢筋混凝土方桩 | | $m^3$ | 1269.23 |
| 39 | 石油沥青 | | kg | 1.28 |
| 40 | 土工布 | | $m^2$ | 2.50 |
| 41 | 乳化沥青 | | kg | 6.52 |
| 42 | 雷管 | | 个 | 0.52 |
| 43 | 硝胺炸药 | | kg | 3.90 |
| 44 | 煤焦油沥青漆 | L01-17 | kg | 6.79 |
| 45 | 商品混凝土 | C10 | $m^3$ | 262.24 |
| 46 | 商品混凝土 | C15 | $m^3$ | 277.24 |
| 47 | 商品混凝土 | C20 | $m^3$ | 292.24 |
| 48 | 商品混凝土 | C25 | $m^3$ | 307.24 |
| 49 | 商品混凝土 | C30 | $m^3$ | 327.24 |
| 50 | 商品混凝土 | C35 | $m^3$ | 347.24 |
| 51 | 商品混凝土 | C40 | $m^3$ | 367.24 |
| 52 | 商品混凝土 | C50 | $m^3$ | 407.24 |
| 53 | 抗渗商品混凝土 | C25 | $m^3$ | 392.24 |
| 54 | 抗渗商品混凝土 | C30 | $m^3$ | 412.24 |
| 55 | 抗渗商品混凝土 | C35 | $m^3$ | 427.24 |
| 56 | 抗渗商品混凝土 | C40 | $m^3$ | 477.24 |
| 57 | 改性沥青混凝土 | | t | 355.49 |
| 58 | 道路嵌缝胶 | PG | kg | 16.40 |
| 59 | 定型钢模板 | | kg | 4.30 |
| 60 | 钢管支撑 | | kg | 3.90 |
| 61 | 钢筋混凝土管 | $\phi$300 | m | 18.12 |
| 62 | 混凝土分离型侧平石（立缘石） | | m | 51.94 |
| 63 | 煤焦沥青漆 | L01-17 | kg | 6.47 |
| 64 | 模板嵌缝料 | | kg | 1.50 |
| 65 | 尼龙帽 | | 个 | 2.50 |
| 66 | 山皮石 | | $m^3$ | 41.00 |
| 67 | 石灰砂浆 | 1:3 | $m^3$ | 52.54 |
| 68 | 石质块 | | m | 60.00 |

| 序号 | 名　称 | 规格型号 | 单位 | 单价（元） |
|---|---|---|---|---|
| 69 | 水 | | $m^3$ | 0.45 |
| 70 | 水泥砂浆 | 1:2 | $m^3$ | 189.17 |
| 71 | 水泥砂浆 | 1:3 | $m^3$ | 145.38 |
| 72 | 水泥砂浆 | M10 | $m^3$ | 102.65 |
| 73 | 脱模剂 | | kg | 10.80 |
| 74 | 细料石 | | $m^3$ | 41.00 |
| 75 | 竹脚手板 | | $m^2$ | 9.89 |
| 76 | 铸铁平箅 | | 套 | 33.80 |
| 77 | 环氧树脂 | （综合） | t | 27180.00 |
| 78 | 锯材 | （综合） | $m^3$ | 1156.00 |
| 79 | 砂砾 | | $m^3$ | 54.45 |
| 80 | 道路粉煤灰 | | t | 45.00 |
| 81 | 路基黄土 | | $m^3$ | 19.00 |
| 82 | 水泥 | 325 | t | 330.00 |
| 83 | 水泥粉煤灰碎石混凝土 | | $m^3$ | 270.46 |
| 84 | 弹簧钢板 | | kg | 5.45 |
| 85 | 土工隔栅 | | $m^2$ | 6.00 |
| 86 | U 型锚钉 | | kg | 7.00 |
| 87 | 石灰土 | | $m^3$ | 48.00 |
| 88 | 石灰、粉煤灰、土混合料 | | t | 47.00 |
| 89 | 沥青混凝土 | （综合） | t | 204.51 |
| 90 | 标线 | | $m^2$ | 88.10 |
| 91 | 锯缝机锯片 | | 片 | 910.80 |
| 92 | 锯纹机刀片 | | 把 | 362.00 |
| 93 | 水泥稳定土 | | t | 50.00 |
| 94 | 水泥稳定砂砾 | | t | 85.00 |
| 95 | 石质花砖 | | $m^2$ | 80.00 |
| 96 | 钢筋 | （综合） | t | 3408.00 |
| 97 | 水泥砂浆 | M7.5 | $m^3$ | 192.13 |
| 98 | 豆石混凝土 | C20 | $m^3$ | 337.24 |
| 99 | 铸钢件 | | kg | 5.48 |
| 100 | 电源插座 | 二孔 250V 5A | 个 | 11.60 |
| 101 | 预制钢筋混凝土管桩 | | $m^3$ | 1449. 47 |
| 102 | 水下商品混凝土 | C30 | $m^3$ | 350.29 |
| 103 | 成品混凝土板梁 | | $m^3$ | 1277.50 |

续表

| 序号 | 名　　称 | 规格型号 | 单位 | 单价（元） |
|---|---|---|---|---|
| 104 | 斜拉索 | （成品） | t | 22000 |
| 105 | 钢结构 | | t | 12000 |
| 106 | 细粒式沥青混凝土 | | t | 364.83 |
| 107 | 中粒式沥青混凝土 | | t | 317.83 |
| 108 | 汽车起重机 | 5t | 台班 | 402.49 |
| 109 | 汽车起重机 | 8t | 台班 | 509.61 |
| 110 | 汽车起重机 | 10t | 台班 | 589.78 |
| 111 | 汽车起重机 | 12t | 台班 | 674.73 |
| 112 | 汽车起重机 | 16t | 台班 | 848.49 |
| 113 | 汽车起重机 | 20t | 台班 | 983.23 |
| 114 | 汽车起重机 | 40t | 台班 | 1588.60 |
| 115 | 汽车起重机 | 75t | 台班 | 4672.64 |
| 116 | 自卸汽车 | 15t | 台班 | 875.63 |
| 117 | 电动夯实机 | 20~62kg/m | 台班 | 20.80 |
| 118 | 载重汽车 | 4t | 台班 | 285.27 |
| 119 | 载重汽车 | 5t | 台班 | 352.20 |
| 120 | 载重汽车 | 6t | 台班 | 352.20 |
| 121 | 载重汽车 | 8t | 台班 | 461.63 |
| 122 | 载重汽车 | 10t | 台班 | 539.19 |
| 123 | 电焊机 | （综合） | 台班 | 66.38 |
| 124 | 空压机 | $0.6m^3/min$ | 台班 | 62.68 |
| 125 | 交流电焊机 | 21kV·A | 台班 | 58.17 |
| 126 | 交流电焊机 | 32kV·A | 台班 | 59.90 |
| 127 | 直流电焊机 | 20kW | 台班 | 66.94 |
| 128 | 氩弧焊机 | 500A | 台班 | 95.78 |
| 129 | 洒水车 | 4000L | 台班 | 339.22 |
| 130 | 平地机 | 90HP | 台班 | 464.85 |
| 131 | 自卸车 | 4t | 台班 | 345.81 |
| 132 | 磨钎机 | | 台班 | 140.84 |
| 133 | 空压机 | （综合） | 台班 | 320.01 |
| 134 | 锻钎机 | 421-90(90m/s) | 台班 | 120.89 |
| 135 | 灰浆搅拌机 | 200L | 台班 | 50.86 |
| 136 | 泥浆泵 | $\phi$100 | 台班 | 103.25 |
| 137 | 灰浆输送泵 | | 台班 | 93.02 |
| 138 | 平板拖车组 | 20t | 台班 | 850.49 |

续表

| 序号 | 名　　称 | 规格型号 | 单位 | 单价（元） |
|---|---|---|---|---|
| 139 | 混凝土振捣器插入式 |  | 台班 | 4.71 |
| 140 | 混凝土振捣器 | （平板式） | 台班 | 4.51 |
| 141 | 卷扬机 | (单筒快速)1t 以内 | 台班 | 57.02 |
| 142 | X 光探伤机 | TX-2505 | 台班 | 139.77 |
| 143 | 超声波探伤机 | CTS-26 | 台班 | 110.92 |
| 144 | 卷板机 | 20×2500 | 台班 | 132.73 |
| 145 | 离心水泵 | $\phi$100 | 台班 | 68.08 |
| 146 | 试压泵 | 60MPa | 台班 | 63.03 |
| 147 | 试压泵 |  | 台班 | 58.01 |
| 148 | 电动空压机 | 6m$^3$/min | 台班 | 105.49 |
| 149 | 履带式单斗挖土机 | 1.0m$^3$ | 台班 | 728.06 |
| 150 | 履带式推土机 | 75kW | 台班 | 545.44 |
| 151 | 履带式推土机 | 60kW | 台班 | 397.19 |
| 152 | 轮胎式装载机 | 1m$^3$ | 台班 | 298.05 |
| 153 | 自卸汽车 | 8t | 台班 | 506.34 |
| 154 | 振动压路机 | （综合） | 台班 | 573.30 |
| 155 | 履带式沥青混凝土摊铺机 |  | 台班 | 1260.37 |
| 156 | 混凝土锯缝机 |  | 台班 | 170.78 |
| 157 | 压路机 | 6～8t | 台班 | 369.79 |
| 158 | 压路机 | 8～10t | 台班 | 497.06 |
| 159 | 压路机 | 12～15t | 台班 | 591.91 |
| 160 | 试压水泵 | 4.0MPa | 台班 | 48.46 |
| 161 | 机动翻斗车 | 1t | 台班 | 111.82 |
| 162 | 滚筒式混凝土搅拌机 | 电动 出土量 400L | 台班 | 92.48 |
| 163 | 灰浆搅拌机 | 400L | 台班 | 52.66 |
| 164 | 旋喷桩机 | *D*600～800 | 台班 | 123.81 |
| 165 | 袋装砂井机 | （不带门架） | 台班 | 133.20 |
| 166 | 电动卷扬机 | 单筒慢速 5t | 台班 | 73.21 |
| 167 | 振冲器 |  | 台班 | 280.29 |
| 168 | 对焊机 | 75kV·A | 台班 | 96.78 |
| 169 | 工程钻机 |  | 台班 | 298.05 |
| 170 | 混凝土磨光机 |  | 台班 | 18.49 |
| 171 | 履带式电动起重机 | 5t | 台班 | 147.43 |
| 172 | 履带式推土机 | 90kW | 台班 | 517.93 |

续表

| 序号 | 名　　称 | 规格型号 | 单位 | 单价（元） |
|---|---|---|---|---|
| 173 | 履带式推土机 | 135kW | 台班 | 769.00 |
| 174 | 轮胎式装载机 | $3m^3$ | 台班 | 609.65 |
| 175 | 内燃空气压缩机 | $9m^3/min$ | 台班 | 285.08 |
| 176 | 汽车式沥青喷洒机 | 4000L | 台班 | 398.12 |
| 177 | 抓铲挖掘机 | | 台班 | 527.23 |
| 178 | 混凝土路面刻槽机 | | 台班 | 129.79 |
| 179 | 稳定土混合料摊铺机 | | 台班 | 6500.00 |
| 180 | 洒水车 | 6000L | 台班 | 380.96 |
| 181 | 液压镐 | | 台班 | 415.17 |
| 182 | 自卸汽车 | 4.5t | 台班 | 345.81 |
| 183 | 电动双梁起重机 | 5t | 台班 | 221.28 |
| 184 | 混凝土输送泵 | $60m^3/h$ 以内 | 台班 | 1115.73 |
| 185 | 交流对焊机 | 100kV·A 以内 | 台班 | 179.55 |
| 186 | 履带式起重机 | 15t | 台班 | 535.19 |
| 187 | 履带式起重机 | 25t | 台班 | 688.63 |
| 188 | 履带式起重机 | 60t | 台班 | 2062.88 |
| 189 | 龙门式起重机 | 40t | 台班 | 830.72 |
| 190 | 汽车起重机 | 50t | 台班 | 3284.49 |
| 191 | 汽车起重机 | 100t | 台班 | 5048.29 |
| 192 | 预应力钢绞线拉伸设备 | | 台班 | 72.71 |
| 193 | 履带式柴油打桩机 | 2.5t | 台班 | 772.6 |
| 194 | 履带式柴油打桩机 | 5t | 台班 | 2096.5 |
| 195 | 履带式柴油打桩机 | 8t | 台班 | 2448.12 |

# 附录二　编制桥梁工程投资估算应用案例

## 1　综合指标应用案例

例：某高架桥，采用预应力钢筋混凝土空心板梁。自然条件及技术标准为多孔桥，干处施工。市场人工、材料、机械价格如下：

人工：34 元/工日；

材料：钢筋（综合）：3500 元/t；　　钢材：5000 元/t；

水泥（425）：309 元/t；　　中粗砂：51.49 元/$m^3$；

碎石（5~40mm）：50 元/$m^3$；　　预应力钢绞线：6000 元/t；

片石：135 元/ $m^3$。

一、建筑安装工程费计算：

（一）本工程为预应力钢筋混凝土空心板梁多孔桥，干处施工，套用 2Z-007 综合指标。

（二）指标中的人工、主要材料、机械价格的调整：

1. 人工费换价：

人工费=人工工日（采用当时当地的）工日单价

2Z-007 预应力钢筋板梁桥，多孔，干处：

1794（工日）×34（元/工日）=60996（元）

2. 材料费换价（见下表）：

| 序号 | 规格型号 | 单位 | 单价（元） | 2Z-007 | |
|---|---|---|---|---|---|
| | | | | 耗用量 | 合价（元） |
| 1 | 钢筋（综合） | t | 3500 | 10.58 | 37030 |
| 2 | 钢材 | t | 5000 | 0.50 | 2500 |
| 3 | 水泥 425 | t | 309 | 73.60 | 22742 |
| 4 | 中粗砂 | $m^3$ | 51.49 | 106.46 | 5482 |
| 5 | 碎石 5~40mm | $m^3$ | 50 | 168.39 | 8420 |
| 6 | 预应力钢绞线 | t | 6000 | 1.74 | 10440 |
| 7 | 片石 | $m^3$ | 135 | 39.29 | 5304 |
| 合　计 | | — | — | — | 91918 |

$$其他材料费=指标其他材料费\times\frac{调整后的主要材料费}{指标(材料费小计-其他材料费-材料费中措施费分摊)}$$

2Z-007 其他材料费换算：

$$其他材料费=6970\times\frac{91918}{114175-6970-8158}=6468(元)$$

3.机械费换价：

$$机械费 = 指标机械费 \times \frac{调整后的(人工费+材料费)}{指标(人工费+材料费)}$$

2Z-007 机械费换算：

$$机械费 = 51416 \times \frac{60996+91918}{55668+99047} = 50817(元)$$

（三）指标措施费计算。措施费费率为 4.40%，则：

措施费=调整后的（人工费+主材费+其他材料费+机械费）×费率

（其中分摊比例：人工费占 8%，材料费占 87%，机械费占 5%）

2Z-007 措施费计算：

调整后的（人工费+主材费+其他材料费+机械费）=60996+91918+6468+50817=210199（元）

措施费=210199×4.40%=9249（元）

其中：人工费中措施费分摊=9249×8%=740（元）

材料费中措施费分摊=9249×87%=8047（元）

机械费中措施费分摊=9249×5%=462（元）

（四）建筑安装工程直接费小计：

建筑安装工程直接费小计=调整后的（人工费+材料费+机械费）

其中：人工费小计=调整后的（人工费+人工费中措施费分摊）

材料费小计=调整后的（材料费+其他材料费+材料费中措施费分摊）

机械费小计=调整后的（机械费+机械费中措施费分摊）

2Z-007 建筑安装直接费小计：

建筑安装工程直接费小计=61736+106433+51279=219448（元）

其中：人工费小计=60996+740=61736（元）

材料费小计=91918+6468+8047=106433（元）

机械费小计=50817+462=51279（元）

（五）综合费用计算。采用当时当地的综合费用费率为 22.90%，则：

综合费用=建筑安装工程费直接费小计×当时当地的综合费用费率

2Z-007 综合费用=219448×22.90%=50254（元）

（六）建筑安装工程直接费合计：

建筑安装工程直接费合计=建筑安装工程直接费小计+综合费用

2Z-007 建筑安装工程直接费合计=219448+50254=269702（元）

二、设备工器具购置费：无

三、指标基价计算：

（一）工程建设其他费用。采用当时当地的工程建设其他费用费率为 12%，则：

工程建设其他费用=调整后的建筑安装工程直接费×当时当地的工程建设其他费用费率

2Z-007 工程建设其他费用=269702×12%=32364（元）

（二）基本预备费。基本预备费费率取定为 8%，则：

基本预备费=（调整后的建筑安装工程直接费+工程建设其他费用）×8%

2Z-007 基本预备费=（269702+32364）×8%=24165（元）

（三）调整后的每 100m$^2$ 的指标基价：

调整后的每 100m$^2$ 的指标基价=调整后的建筑安装工程直接费+工程建设其他费用+基本预备费

2Z-007 调整后的每 100m$^2$ 的指标基价=269702+32364+24165=326231（元）

综合指标应用案例计算表详见下表。

**工程内容**：基础及下部构造、上部构造、桥面系工程及桥头护岸等。

单位：100m²

| 指标编号 | | | | 2Z-007换 | |
|---|---|---|---|---|---|
| 项目 | | | 单位 | 多孔（单孔跨径≤22m） | |
| | | | | 千处 | 占指标基价（%） |
| 指标基价 | | | 元 | 326231 | 100.00 |
| 一、建筑安装工程费用 | | | 元 | 269702 | 82.67 |
| 二、设备购置费 | | | 元 | — | — |
| 三、工程建设其他费用 | | | 元 | 32364 | 9.92 |
| 四、基本预备费 | | | 元 | 24165 | 7.41 |
| **建筑安装工程费** | | | | | |
| 直接费 | 人工费 | 人工 | 工日 | 1794 | — |
| | | 措施费分摊 | 元 | 740 | — |
| | | **人工费小计** | 元 | 61736 | 18.92 |
| | 材料费 | 钢筋（综合） | t | 10.58 | — |
| | | 钢材 | t | 0.50 | — |
| | | 水泥 425 | t | 73.60 | — |
| | | 中粗砂 | $m^3$ | 106.46 | — |
| | | 碎石 5~40mm | $m^3$ | 168.39 | — |
| | | 预应力钢绞线 | t | 1.74 | — |
| | | 片石 | $m^3$ | 39.29 | — |
| | | 其他材料费 | 元 | 6468 | — |
| | | 措施费分摊 | 元 | 8047 | — |
| | | **材料费小计** | 元 | 106433 | 32.63 |
| | 机械费 | 措施费分摊 | 元 | 462 | — |
| | | **机械费小计** | 元 | 51279 | 15.72 |
| | **直接费小计** | | 元 | 219448 | 67.27 |
| 综合费用 | | | 元 | 50254 | 15.40 |
| **合　计** | | | 元 | 269702 | — |

# 2 分项指标应用案例

例：某桥梁采用 PHC 桩基础，桩径 600mm，桩基础总长度为 11340m。

市场人工、材料、机械价格如下：

人工：36 元/工日；

材料：预制钢筋混凝土管桩 1110 元/$m^3$；

机械：5t 打桩机 2150 元/台班；15t 起重机 620 元/台班。

一、建筑安装工程费计算：

（一）查本分册分项指标 2F-006 PHC 桩基础桩径 600mm。

（二）人工费、材料费、机械费单价换价：

1. 人工费换价：

人工费=人工工日×（采用当时当地的）工日单价

2F-006 PHC 桩基础桩径 600mm　人工费=1（工日）×36（元/工日）=36（元）

2. 材料费换价（见下表）：

| 序号 | 规格型号 | 单　位 | 单价（元） | 2F-006 | |
|---|---|---|---|---|---|
| | | | | 耗用量 | 合价（元） |
| 1 | 预制钢筋混凝土管桩　$\phi$600mm | $m^3$ | 1110 | 1.72 | 1909 |
| 合　计 | | — | — | — | 1909 |

$$其他材料费=指标其他材料费\times\frac{调整后的主要材料费}{指标(材料费小计-其他材料费-材料费中措施费分摊)}$$

2F-006 PHC 桩基础桩径 600mm：

$$其他材料费=18\times\frac{1909}{2625-18-114}=14(元)$$

3. 机械费换价（见下表）：

| 序　号 | 规格型号 | 单　位 | 单价（元） | 2F-006 | |
|---|---|---|---|---|---|
| | | | | 耗用量 | 合价（元） |
| 1 | 5t 打桩机 | 台班 | 2150 | 0.15 | 323 |
| 2 | 15t 起重机 | 台班 | 620 | 0.15 | 93 |
| 合　计 | | — | — | — | 416 |

$$其他机械费=指标其他机械费\times\frac{调整后的主要机械费}{指标(机械费小计-其他机械费-机械费中措施费分摊)}$$

2F-006 PHC 桩基础桩径 600mm：

$$其他机械费=21\times\frac{416}{434-21-7}=22(元)$$

（三）分项指标措施费计算。措施费费率为 4.40%，则：

措施费=调整后的（人工费+主材费+其他材料费+主要机械费+其他机械费）×费率

（其中分摊比例：人工费占 8%，材料费占 87%，机械费占 5%）

2F-006 措施费计算：

调整后的（人工费+主材费+其他材料费+主要机械费+其他机械费）=36+1909+14+416+22=2397（元）

措施费=2397×4.40%=105（元）

其中：人工费中措施费分摊=105×8%=9（元）

材料费中措施费分摊=105×87%=91（元）

机械费中措施费分摊=105×5%=5（元）

（四）建筑安装工程直接费小计：

建筑安装工程直接费小计=调整后的（人工费+材料费+机械费）

其中：人工费小计=调整后的（人工费+人工费中措施费分摊）

材料费小计=调整后的（材料费+其他材料费+材料费中措施费分摊）

机械费小计=调整后的（机械费+机械费中措施费分摊）

2F-006 建筑安装直接费小计：

建筑安装工程直接费小计=45+2014+443+2502（元）

其中：人工费小计=36+9=45（元）

材料费小计=1909+14+91=2014（元）

机械费小计=416+22+5=443（元）

（五）综合费用计算，采用当时当地的综合费用费率 22.90%，则：

综合费率=调整后的指标基价×当时当地的综合费用费率

2F-006 综合费用=2502×22.90%=573（元）

（六）建筑安装工程直接费合计：

建筑安装工程直接费合计=建筑安装工程直接费小计+综合费用

2F-006 建筑安装工程直接费合计=2502+573=3075（元）

分项指标应用案例计算表详见下表。

二、建筑安装工程造价：

建筑安装工程造价=每 10m 建筑安装工程费×总长度÷10

=3075×11340÷10

=348.71（万元）

**工程内容：**打桩机架及工作台搭拆，PHC 桩的预制、运输、打桩、接桩等。

单位：10m

| 指标编号 | | | | 2F-006 换 | |
|---|---|---|---|---|---|
| 项　目 | | | 单位 | 桩径 600mm | 占指标基价% |
| 指标基价 | | | 元 | 3075 | 100.00 |
| 一、建筑安装工程费用 | | | 元 | 3075 | 100.00 |
| 二、设备购置费 | | | 元 | — | — |
| **建筑安装工程费** | | | | | |
| 直接费 | 人工费 | 人工 | 工日 | 1 | — |
| | | 措施费分摊 | 元 | 9 | — |
| | | **人工费小计** | 元 | 45 | 1.46 |
| | 材料费 | 预制钢筋混凝土管桩 | $m^3$ | 1.72 | — |
| | | 其他材料费 | 元 | 14 | — |
| | | 措施费分摊 | 元 | 91 | — |
| | | **材料费小计** | 元 | 2014 | 65.50 |
| | 机械费 | 打桩机 5t | 台班 | 0.15 | — |
| | | 起重机 15t | 台班 | 0.15 | — |
| | | 其他机械费 | 元 | 22 | — |
| | | 措施费分摊 | 元 | 5 | — |
| | | **机械费小计** | 元 | 443 | 14.41 |
| | **直接费小计** | | 元 | 2502 | 81.37 |
| 综合费用 | | | 元 | 573 | 18.63 |
| **合　计** | | | 元 | 3075 | — |

**本 册 主 编 单 位：** 上海市政工程设计研究总院

**本 册 参 编 单 位：** 北京市市政工程设计研究总院

上海市城市建设设计研究院

福州市规划设计研究院

**本册主要编写人员：** 王　梅　刘　运　彭　铭　姚　建　孙　晨　殷志文

俞宏峰　陈剑锋　邓昭瑜　蔡　力　宋　玮　俞斌岚

顾　磊　张道洪　李捷闽

**综 合 组 成 员：** 胡传海　徐金泉　王海宏　胡晓丽　白洁如　李艳海

刘　军　刘　智　李永芳　白树华　张东海　龚伟中

王　梅　刘　运　陆勇雄　陈益梁　刘　洁　温鄂生

金春平　吴宏伟　王慧颖　陈建民　石　刚